O PROCESSO RECENTE DE REORGANIZAÇÃO AGROINDUSTRIAL: DO COMPLEXO À ORGANIZAÇÃO "EM REDE"

FUNDAÇÃO EDITORA DA UNESP

Presidente do Conselho Curador
Antonio Manoel dos Santos Silva

Diretor-Presidente
José Castilho Marques Neto

Assessor-Editorial
Jézio Hernani Bomfim Gutierre

Conselho Editorial Acadêmico
Antonio Celso Wagner Zanin
Antonio de Pádua Pithon Cyrino
Benedito Antunes
Carlos Erivany Fantinati
Isabel Maria F. R. Loureiro
Lígia M. Vettorato Trevisan
Maria Sueli Parreira de Arruda
Raul Borges Guimarães
Roberto Kraenkel
Rosa Maria Feiteiro Cavalari

Editora-Executiva
Christine Röhrig

Editora-Assistente
Maria Dolores Prades

O PROCESSO RECENTE DE REORGARNIZAÇÃO AGROINDUSTRIAL: DO COMPLEXO À ORGANIZAÇÃO "EM REDE"

LEONEL MAZZALI

Copyright © 1999 by Editora UNESP
Direitos de publicação reservados à:
Fundação Editora da UNESP (FEU)
Praça da Sé, 108
01001-900 – São Paulo – SP
Tel.: (0xx11) 232-7171
Fax: (0xx11) 232-7172
Home page: www.editora.unesp.br
E-mail: feu@editora.unesp.br

Dados Internacionais de Catalogação na Publicação (CIP)
(Câmara Brasileira do Livro, SP, Brasil)

Mazzali, Leonel
  O processo recente de reorganização agroindustrial: do complexo à organização "em rede" / Leonel Mazzali. – São Paulo: Editora UNESP, 2000. – (Coleção Prismas / PROPP)

  Bibliografia.
  ISBN 85-7139-301-x

  1. Agribusiness 2. Agricultura – Aspectos econômicos – Brasil 3. Empresas – Reorganizações – Brasil 4. Indústrias agrícolas – Brasil I. Título. II. Série.

00-2128   CDD-338.160981

Índices para catálogo sistemático:
1. Brasil: Agroindústria: Reorganização: Economia 338.160981
2. Brasil: Reorganização agroindustrial: Economia 338.160981

Este livro é publicado pelo projeto *Edições de Textos de Docentes e Pós-Graduados da UNESP* – Pró-Reitoria de Pós-Graduação e Pesquisa da UNESP (PROPP) / Fundação Editora da UNESP (FEU)

Editora afiliada:

Asociación de Editoriales Universitarias
de América Latina y el Caribe

Associação Brasileira de
Editoras Universitárias

SUMÁRIO

Siglas utilizadas 9

Introdução 11

1 O modelo de modernização via complexo 17
agroindustrial e seu esgotamento

    O processo de modernização da agricultura via CAI 18

    Complexo agroindustrial: modelo de desenvolvimento 24
    e instrumento de apreensão do processo
    de modernização da agricultura

    As transformações econômicas nos anos 80 e seus reflexos 27
    sobre a dinâmica recente do setor agroindustrial no Brasil

        As transformações na ordem econômica internacional 27

        As transformações no âmbito tecnológico 30

    A crise fiscal e a desarticulação do aparato de regulação estatal 33

        A crise do modelo de desenvolvimento via CAI 34
        e a perda de poder explicativo do conceito

2 O campo das estratégias empresariais – *locus*   37
privilegiado para a compreensão das novas
configurações produtivas

    Reestruturação industrial – a conformação de   38
    um ambiente turbulento

    Reformulação das formas de organização – núcleo   40
    da resposta das empresas ao contexto atual

    O campo de ação da reestruturação das relações   44
    entre os agentes econômicos

        Redefinição dos modos de gestão interna   45

        Redelimitação do "espaço" de articulação e   46
        coordenação das diferentes atividades

        Revisão da estrutura interna e espacial das atividades   46

        Reconfiguração e/ou ampliação das articulações   48
        com fornecedores, distribuidores e clientes

        Intensificação das articulações com concorrentes no   50
        mesmo domínio ou em domínios distintos

    Amplitude e significado da reformulação das formas   52
    de organização intra e interempresas

        Flexibilidade – um caminho para a ampliação de   52
        opções diante da turbulência

        Flexibilidade no contexto estático   52

        Flexibilidade no contexto dinâmico   54

    A flexibilidade e as estratégias de organização de empresas   58

3 Reestruturação e estratégias de reorganização   61
na cadeia soja/óleos/carnes

    A dinâmica nas décadas de 1960 e 1970 – reviravolta no   62
    setor carnes e constituição e consolidação do setor soja

        Modernização do abate e do processamento de carne bovina   62
        e a rigidez relativa na oferta do segmento agrícola

        Desenvolvimento e consolidação de novos ramos e a   64
        realocação de posições no núcleo da indústria de carnes

        A constituição e a consolidação da cadeia soja/óleo   67

As mudanças de cenário a partir do fim dos anos 70   68
Novos contornos no plano nacional – alterações macroeconômicas e realocação espacial da produção   68
Novos contornos no plano mundial -- dinâmica do comércio internacional, novas tecnologias e mudanças nos padrões de consumo   70
Principais características do processo de reestruturação agroindustrial e análise das estratégias de reorganização das empresas   75
Revisão da estrutura das atividades e dos modos de gestão interna   77
"Polarização"   78
"Reconversão"   82
"Conglomeração"   85
"Especialização"   86
Indefinição da direção estratégica   86
Alterações na estrutura espacial das atividades   87
Reconfiguração e/ou ampliação das articulações com fornecedores, distribuidores e clientes   90
Reconfiguração das relações com os produtores rurais integrados (fornecedores de aves e suínos)   91
Reconfiguração das relações com os pecuaristas (produtores de bovinos)   97
Reconfiguração das relações com os produtores de soja   100
Reconfiguração das relações com os fornecedores de embalagem e insumos utilizados no processamento industrial   101
Reconfiguração das relações com distribuidores e clientes   102
Intensificação das articulações com concorrentes no mesmo domínio ou em domínios distintos   104
Alianças comerciais voltadas para o mercado externo   105
Alianças voltadas à produção e à comercialização de produtos no mercado interno   106
Alianças assentadas em P&D e na transferência de tecnologia   108
Alianças para a implementação de novas formas de financiamento e comercialização da safra   109
Alianças com o setor público   110

4 Reestruturação e estratégias de reorganização na agroindústria citrícola   111

Da constituição da citricultura em bases comerciais, no fim da década de 1920, à implantação e consolidação da indústria de suco, na década de 1970   112

As mudanças de cenário a partir do fim dos anos 80   119

Os novos contornos no plano internacional – acirramento da concorrência e abertura de novos mercados   119

Os novos contornos no plano nacional – entrada de novas empresas e alterações na relação agricultura–indústria   122

A entrada de novas empresas e a transformação do quadro de forças   122

As alterações nos contornos da relação agricultura–indústria   124

Mudanças no mecanismo regulador da relação – o esgotamento do modelo tradicional e a busca de novas sistemáticas de remuneração do produtor   125

Novos mecanismos de gerenciamento da colheita a partir da utilização da informática e das novas biotecnologias   132

Identificação e análise das estratégias recentes das empresas   134

Revisão da estrutura das atividades e dos modos de gestão interna   135

Ampliação dos investimentos na produção própria da matéria-prima   140

Reconfiguração das relações com os fornecedores agrícolas – a elevação do padrão mínimo de produtividade   142

Intensificação das inter-relações com concorrentes no mesmo domínio   146

Alianças voltadas para a penetração em novas áreas geográficas de mercado   146

Alianças voltadas para o reposicionamento no interior do setor   147

5 Organização "em rede": Um novo modelo de articulação das relações no setor agroindustrial   149

A estratégia das empresas e a natureza das novas configurações organizacionais   151

As formas de organização "em rede"   154

As especificidades da estrutura interna   157

Redes verticais   157

Redes horizontais   161

Conclusão   165

Referências bibliográficas   169

SIGLAS UTILIZADAS

Abiec   Associação Brasileira das Indústrias Exportadoras de Carnes Industrializadas
ABNP   Associação Brasileira do Novilho Precoce
BNDES   Banco Nacional de Desenvolvimento Econômico e Social
Cacex   Carteira de Comércio Exterior do Banco do Brasil
CAI   Complexo Agroindustrial
CEE   Comunidade Econômica Européia
CEI   Comunidade dos Estados Independentes
Embrapa   Empresa Brasileira de Pesquisa Agropecuária
Embrater Empresa Brasileira de Assistência Técnica e Extensão Rural
FAO   Food and Agriculture Organization
FCOJ   Frozen Concentrated Orange Juice
FMI   Fundo Monetário Internacional
GATT   General Agreement on Tariffs and Trade
IAA   Instituto do Açúcar e do Álcool
IBC   Instituto Brasileiro do Café

Mercosul	Acordo de Livre Comércio entre Brasil, Argentina, Paraguai e Uruguai
Nafta	Acordo de Livre Comércio entre EUA, Canadá e México
NIC	New Industrial Countries (Coréia do Sul, Taiwan e Hong Kong)
OCDE	Organization for Economic Co-operation and Development
PGMP	Política de Garantia de Preços Mínimos
Refesa	Rede Ferroviária Federal
SNCR	Sistema Nacional de Crédito Rural

INTRODUÇÃO

Ao longo da década de 1980, o estudo da dinâmica do setor agroindustrial brasileiro esteve centrado na noção de "Complexo agroindustrial" (CAI). A partir do fim da década, quando os principais supostos subjacentes a esse arcabouço passaram a dar sinais de esgotamento, despontaram determinadas ações e interações entre os agentes econômicos situados fora do âmbito analítico do CAI, com fortes implicações sobre o desenvolvimento do setor.

Nesse sentido, partindo da hipótese básica da perda do poder explicativo do conceito de complexo agroindustrial, o presente trabalho objetiva:

a) mostrar a presença efetiva de novas ações externas à abrangência do conceito;

b) apreender as ações e organizá-las a fim de captar possíveis recorrências de conformação, procurando identificar as "regularidades" que passam a reger o movimento do setor.

Por sua vez, na investigação das decisões dos agentes que integram o segmento agroindustrial, foram privilegiadas a identificação e a análise das estratégias das principais empresas que constituem a denominada "agroindústria processadora" – segmento "a jusante" do assim designado complexo agroindustrial.

A justificativa da observação a partir da agroindústria processadora assenta-se, em grande parte, no enorme potencial que as estratégias por ela geradas têm para imprimir sentido e direção ao comportamento dos diversos agentes econômicos, direta ou indiretamente envolvidos com o setor, transformando-se, assim, na base de novas articulações das relações de produção. Essa ênfase não implicou, contudo, em desconsiderar, totalmente, modificações que emanam dos setores situados "a montante" (máquinas, equipamentos e insumos para a agricultura), assim como aquelas que emanam do segmento agrícola propriamente dito. Essas foram consideradas na medida em que afetaram a dinâmica do setor.

Nesse processo de investigação, foi tomado como referencial o movimento mais amplo de "reestruturação" que passou a marcar o setor industrial a partir de meados dos anos 80. Em outras palavras, o ponto de partida para a compreensão da nova realidade agroindustrial foram as estratégias adotadas pelas empresas do setor industrial no processo de reestruturação.

A flexibilidade (ou fuga da rigidez) foi o princípio orientador desse processo de reestruturação. Como um desdobramento, a reformulação das formas de organização das atividades produtivas e da estrutura administrativa esteve na base da estratégia de reestruturação da "agroindústria processadora". Nesses termos, as empresas tiveram por objetivo fundamental a aquisição de maior mobilidade, visando ao aumento da capacidade de resposta aos novos contornos – internacionais e nacionais –, no centro dos quais situam-se profundas mudanças macroeconômicas e tecnológicas.

Em outras palavras, a necessidade de superar as "rigidezes" imanentes à atividade produtiva engendrou a reavaliação das formas de organização da produção, no âmbito interno das empresas e no âmbito das interações entre elas.

No âmbito interno, para aumentar a flexibilidade, as grandes empresas agroindustriais buscaram, de um lado, concentrar os investimentos nas fases e atividades que permitissem a melhor utilização de suas competências técnicas e que assegurassem o controle do processo produtivo e, de outro, "enxugar" a estrutura organizacional, em particular no que se refere à redução de níveis hierárquicos e maior aproximação entre os níveis superiores e o "chão de fábrica".

No que diz respeito ao âmbito das formas de organização da produção entre empresas, quanto às que integram a cadeia produtiva – fornecedores, clientes e distribuidores –, as preocupações crescentes com custo e qualidade, de um lado, e a reavaliação da estrutura interna das atividades, de outro, conduziram à ampliação, intensificação e/ou transformação da natureza e da qualidade das relações, aumentando a importância da coordenação das interações e do fluxo de informação entre esses agentes.

Ainda na esfera das formas de organização da produção entre empresas, porém da perspectiva das relações entre concorrentes, as condições de acesso a novas tecnologias, a necessidade de superar barreiras à entrada em novos mercados e de ocupar espaços na concorrência internacional impeliram as empresas a constituírem associações e/ou alianças estratégicas.

É importante frisar que não se pretendeu desenvolver um estudo setorial. Considerando-se o material empírico coletado no período compreendido entre janeiro de 1990 e junho de 1994, quando as transformações na atividade agroindustrial eram ainda recentes, a ênfase não recaiu na apreensão quantitativa destas, mas na identificação de prováveis perfis organizacionais e novas configurações.

Dada a diversidade de segmentos que compõem a agroindústria, a pesquisa empírica foi desenvolvida em duas fases.

A primeira, de caráter exploratório, apoiou-se em um conjunto de informações, referentes ao período mencionado, coletado junto a periódicos especializados – jornal A *Gazeta Mercantil* e revista *Exame* –, objetivando identificar e sistematizar o campo das estratégias de reorganização. Foram investigados quatro segmentos: soja/óleos/carnes; trigo/moinhos; leite/laticínios; agroindústria citrícola.

É importante ressaltar que a investigação, apesar de partir do suposto do esgotamento do complexo agroindustrial enquanto "organização" responsável pela dinâmica agroindustrial e enquanto "modelo explicativo", manteve como referencial os contornos da noção de complexo, não apenas como ponto de partida inicial da análise, mas também para manter a correspondência dos segmentos estudados com sua trajetória.

Por outro lado, a verificação de que as transformações afetaram os segmentos de modo e intensidade distintos tornou fundamental incorporar à análise a "evolução histórica" desses movimentos. Mais precisamente, tornou-se necessário caracterizar o movimento de reestruturação a partir das trajetórias específicas dos segmentos.

Nesse sentido, na segunda fase da pesquisa, foram selecionados dois segmentos – soja/óleos/carnes e agroindústria citrícola – visando a investigar a influência de suas respectivas trajetórias no processo de reorganização. O aprofundamento do estudo em apenas dois segmentos se deveu ao fato de que eles eram suficientes em razão de seu perfil e dos parâmetros de análise, posteriormente indicados.

A escolha prendeu-se, de um lado, ao seu significado econômico e, de outro, no fato de que, na sua constituição e consolidação, nas décadas de 1960 e 1970, os referidos segmentos caracterizaram-se por apresentar "conformações" peculiares, assentadas em distintos padrões de intervenção estatal, distintos graus de articulação com o comércio internacional e distintas formas de interação com os produtores agrícolas.

O aprofundamento da análise exigiu não só a revisão da literatura sobre a constituição e evolução dos segmentos selecionados, mas, principalmente, o recurso a outros trabalhos que, igualmente, enfocam o processo de reestruturação agroindustrial. Cabe salientar, no âmbito da cadeia soja/óleos/carnes, as contribuições de Castro (1993), Wilkinson (1993) e Mior (1992) e, no âmbito da agroindústria citrícola, as análises de Miranda Costa e Rizzo (1993), Di Giorgi (1991), Bocaiuva et al. (1991), Lifschitz (1993) e Maia (1992). Além da revisão da literatura, foram realizadas entrevistas com alguns especialistas dos segmentos pesquisados.

O trabalho não se limitou à comprovação do "esgotamento" do modelo de modernização da agricultura e à caracterização do processo de evolução dos segmentos, mas buscou ainda identificar um novo padrão de articulação entre os agentes – a organização "em rede" – a partir das evidências de recorrências nas estratégias associadas à interação entre empresas – no âmbito da cadeia produtiva e no âmbito do relacionamento entre concorrentes no mesmo domínio de atividade ou em domínios distintos.

O trabalho está estruturado em cinco capítulos. No capítulo 1, após apresentar os principais elementos que deram conformação ao modelo de modernização via complexo agroindustrial – que marcou o setor desde meados dos anos 60 até o fim dos anos 80 –, são introduzidas as transformações econômicas, a partir sobretudo dos anos 90, que acabaram por provocar o esgotamento do referido modelo.

O capítulo 2 tem por objetivo identificar e situar, de forma ampla, a natureza e a direção das estratégias que passaram a marcar o comportamento dos agentes econômicos a partir do fim dos anos 80. Além de evidenciar a reformulação das formas de organização como núcleo da resposta das empresas ao novo contexto, é realizada a sistematização dessas estratégias. Na delimitação do campo das estratégias empresariais, conforme já ressaltado, foram tomados como referência outros trabalhos realizados no âmbito do setor industrial, os quais foram convenientemente adaptados à realidade agroindustrial, a partir do conjunto de observações empíricas consubstanciadas na pesquisa empreendida junto a jornais e revistas especializados.

O capítulo 3 trata do processo de reorganização da cadeia soja/óleos/carnes. Após a sua "contextualização histórica", são apresentadas as mudanças de cenário, a partir do fim da década de 1970, que dão origem ao processo de reestruturação agroindustrial. Identificadas as principais características dessas mudanças, procede-se à caracterização do processo de reorganização que marcou o comportamento dos agentes nos anos 90.

O capítulo 4 trata do processo de reorganização da agroindústria citrícola. Após uma visão da sua constituição e evolução, são discutidas as mudanças de cenário, a partir do fim dos anos 80, e analisado o processo de reorganização nos anos 90.

No capítulo 5, após a síntese das principais características das novas configurações organizacionais, que emergem como conseqüência das estratégias de reorganização implementadas pelas empresas dos segmentos que são objeto de estudo deste trabalho, é apresentado o conceito de organização "em rede" como um possível instrumental analítico para a compreensão da dinâmica agroindustrial recente no Brasil.

I O MODELO DE MODERNIZAÇÃO VIA COMPLEXO AGROINDUSTRIAL E SEU ESGOTAMENTO

A década de 1960, a partir principalmente de sua segunda metade, constitui um marco de referência na literatura sobre o processo de modernização da agricultura brasileira, que define um novo padrão de produção agrícola, caracterizado pela intensificação das relações agricultura/indústria e por alterações significativas nas relações sociais.

Dentre os fatores que justificam o corte analítico adotado, Delgado (1985) aponta a mudança na base técnica da agricultura brasileira, com a consolidação do Complexo Agroindustrial (CAI). Trata-se da articulação da agricultura, por um lado, com a indústria produtora de insumos e bens de capital agrícolas e, por outro lado, com a indústria processadora de produtos agrícolas, a agroindústria. A partir dessa mudança na base técnica, a reprodução ampliada da agricultura passa a depender cada vez menos dos recursos naturais e mais dos meios de produção gerados por um setor especializado da indústria.

Dentre os elementos que dão conformação ao CAI estão: a) um dado padrão de desenvolvimento tecnológico, que tem por referência os princípios da "Revolução Verde"; b) um estilo de inserção da agricultura brasileira no mercado internacional, marcado pelo aumento da participação, na pauta de exportações, de produtos agrícolas elaborados; c) um determinado "perfil" de atuação do Estado, em que "o estilo de regulação financeira sobressai como eixo de articulação fundamental da intervenção estatal na economia..." (Delgado, 1985, p.43).

A partir da década de 1980, desencadearam-se transformações que alteraram o cenário dos anos 60 e 70 e se acentuaram nos anos 90, tornando necessária a discussão da vigência do padrão de modernização anterior e problematizando os limites do enfoque teórico-metodológico representado pela noção de "complexo agroindustrial".

A retomada da "visão neoliberal", associada à crise fiscal do Estado brasileiro, colocou em xeque o padrão de desenvolvimento agroindustrial. Ao se desvencilhar do papel de financiador e de patrocinador da modernização, o Estado enfraqueceu as bases que sustentavam as articulações entre os agentes, deixando "em aberto" o campo de opções estratégicas para sua atuação, gerando, assim, o ambiente para a reestruturação das articulações.

As intensas transformações no âmbito da economia mundial, no centro das quais se situa a emergência de um novo paradigma tecnológico assentado na microeletrônica, biotecnologia e novos materiais, com efeitos sobre a organização da produção e a estrutura das relações econômicas internacionais, constituíram, também, componentes fundamentais no novo cenário.

Devem ainda ser ressaltadas, no quadro das relações internacionais, as tendências à globalização da economia e à formação de blocos econômicos.

O PROCESSO DE MODERNIZAÇÃO DA AGRICULTURA VIA CAI

Os meados da década de 1960 marcaram o início de uma nova etapa no desenvolvimento capitalista da agricultura brasileira, cuja característica central é, segundo Delgado (1985), o aprofundamento das relações do setor agrícola com a economia urbano-industrial e com o setor externo. Tratava-se da reformulação da inserção da agricultura no padrão de acumulação, por meio de um processo de modernização, com ênfase:

- na diversificação e aumento da produção, visando a enfrentar os desafios da industrialização e da urbanização aceleradas e a necessária elevação das exportações primárias e agroindustriais;
- na transformação da base técnica da agricultura brasileira, com a consolidação do complexo agroindustrial.

A intensificação do processo de urbanização e do crescimento industrial requer, "de qualquer forma, a elevação da oferta de alimentos, mesmo que se observem, em alguns períodos, a queda da taxa média de salário real da economia" (Delgado, 1985, p.25). Assim, a garantia da resposta da produção agrícola a essa pressão de demanda interna emergiu como um objetivo básico, para assegurar a estabilidade salarial e de outros custos primários.

No âmbito da inserção da agricultura no comércio exterior, evidenciou-se, de um lado, a diversificação das exportações em várias direções, com a introdução, em sua pauta, de novos produtos e principalmente de produtos agrícolas elaborados e, de outro, a substituição da importação de alguns produtos agrícolas e, em especial, dos meios de produção para a agricultura.

A presença de uma conjuntura internacional extremamente favorável abriu espaço para uma nova estratégia de integração às correntes múltiplas de comércio internacional de produtos agrícolas e agroindustriais, transformando radicalmente o quadro anterior aos anos 60, marcado pela estagnação das exportações e dependência de um único produto — o café. Sobressaíram-se, a partir daí, produtos como soja, óleos vegetais, sucos e frutas, carne de aves e de bovinos.

Por outro lado, observaram-se mudanças significativas na composição e na procedência dos meios de produção para a agricultura advindas da transformação na base técnica da produção rural. Conjugada à diversificação dos insumos, ocorreu a internalização de sua produção, reforçando o processo de substituição de importações.

A mudança da base técnica da agricultura assentou-se em um conjunto de inovações mecânicas, físico-químicas e biológicas, que tinham por referência os princípios técnicos da chamada "Revolução Verde", que "combina inovações físico-químicas e mecânicas com a criação de variedades vegetais altamente exigentes em adubação química e irrigação ..." (Delgado, 1985, p.96).

Em essência, tratava-se, no momento, de tornar a agricultura menos dependente da dotação de recursos naturais, atrelando as suas condições de reprodução à incorporação de insumos e bens de capital gerados em um setor específico da indústria, implicando o estabelecimento de ligações estreitas, concomitantemente à edificação e reorganização das relações com a indústria processadora de produtos agrícolas.

A consolidação de um complexo agroindustrial sobrepôs-se à transformação da base técnica. Mais precisamente, ocorreu o coroamento de um processo que se iniciara no pós-guerra, por meio da elevação dos índices de tratorização e de consumo de fertilizantes, apoiado nas importações.

Como aponta Müller (1982a), o final dos anos 60 é o marco de constituição do CAI, assentado, de um lado, na implantação de setores industriais produtores dos meios de produção para a agricultura e, de outro, no desenvolvimento e na modernização de um sistema de agroindústrias voltado para o mercado interno e para o mercado externo.

Dessa última perspectiva, o complexo agroindustrial inexistia até por volta de 1970, fundamentalmente porque os setores industriais voltados à produção para a agricultura ainda não estavam estabelecidos no país. Ou seja, nas décadas precedentes não estavam ainda plantados os fortes interesses situados à porta dos processos produtivos rurais.

Sob esse aspecto, merece menção especial a nova forma de organização das indústrias processadoras de matérias-primas agrícolas. Embora estas não se constituíssem em ramos novos, passaram a ter um novo perfil e ficaram sujeitas a uma nova dinâmica, a partir da transformação da tecnologia industrial, somada à conversão de mercados regionais em mercado nacional, com especial referência à ampliação da concorrência oligopolista.

A constituição e consolidação do CAI resultaram, portanto, na conformação de uma nova categoria de agregação, que incorporou interesses situados no âmbito da agricultura propriamente dita, dos setores industriais produtores de insumos e equipamentos para a agricultura e da indústria processadora de produtos agrícolas.

Isso não significa, no entanto, que esse processo de modernização tenha homogeneizado o espaço e tampouco o espectro social e tecnológico da agricultura brasileira.

Ao contrário, deve-se ressaltar a concentração espacial do projeto modernizante, abrangendo basicamente os estados do Centro-Sul brasileiro. Por seu turno, ocorre, paralelamente, um movimento de concentração da produção, abrangendo um número relativamente pequeno de estabelecimentos (entre 10% e 20% dos estabelecimentos rurais, conforme o indicador de modernização que se tome), que respondem por parcelas crescentes da produção. (Delgado, 1985, p.42)

Na verdade, acentuou-se a heterogeneidade estrutural. O lado moderno manifestou-se, de modo geral, por meio da crescente demanda por parte de um conjunto de atividades agrárias, de insumos industriais e de bens de capital e, de modo particular, na configuração de sistemas agroindustriais caracterizados pela forte articulação em torno de uma cadeia produtiva assentada em produtos agrícolas específicos, criados ou fortalecidos nos anos 70. Por seu turno, "deixa-se em grande parte para trás a agricultura do Nordeste e a coleta e extração vegetal da Amazônia, que comparecem a esse processo de 'modernização' cumprindo papéis distintos, ora como reservatório contínuo de mão-de-obra migrante para o setor urbano (no caso do NE), ora como provedor de novas zonas de apropriação capitalista às terras e da exploração da floresta nativa" (Delgado, 1993a, p.17).

A faceta moderna da agricultura adquiriu sua expressão máxima a partir do processo de integração de capitais (concentração e centralização), "que se distingue da integração técnica agricultura-indústria, embora se realize com o suporte dela. Mas a integração de capitais terá um raio de abrangência mais amplo, compreendendo não apenas o aprofundamento das relações intermediárias, mas outras formas de integração e conglomeração sob o comando do grande capital" (Delgado, 1985, p.34).

Nesse contexto, o capital financeiro ampliou em muito o grau de ligações intersticiais no interior do sistema produtivo, por intermédio da fusão dos interesses industriais, comerciais e bancários, culminando, evidentemente, em um aumento do grau de concentração da produção tal que "obtém-se um indicador expressivo de 18,72% do valor total da produção agropecuária e florestal concentrada em pouco mais de 50 grandes unidades centralizadoras do capital no campo" (Delgado, 1985, p.173).

Essas transformações configuraram, em seu conjunto, a partir da segunda metade dos anos 60, um novo "padrão de desenvolvimento rural" que se consolidou mediante a onipresença do Estado.

De fato, o processo de modernização requereu um profundo envolvimento do Estado na regulação das novas condições de reprodução do capital na agricultura. "Incentiva-se a desoneração do processo produtivo privado (risco de produção e de preços), e ainda se estimula a adoção do pacote tecnológico da 'Revolução Verde', que era então sinônimo de modernidade. Introduz-se ainda um enorme aprofundamento das relações a crédito na agricultura mediando a adoção do pacote tecnológico e dos mecanismos de seguro de preço e seguro do crédito à produção" (Delgado, 1993a, p.12).

No padrão de regulação estatal,[1] as políticas financeiro-fiscal e de fomento tecnológico assumiram a primazia. A política de financiamento agrícola constituiu-se no eixo da intervenção estatal, revelando-se o principal mecanismo de articulação, pelo Estado, dos interesses agroindustriais. Assim, "a mudança na base técnica de produção rural e a constituição integrada do complexo agroindustrial tornam-se viáveis, a partir do desenho de um sistema financeiro especificamente concebido para induzir e promover as mudanças técnicas e a associação dos grupos sociais reunidos no

---

1 O padrão de regulação abrange "as macrorelações sociais no campo e as formas estatais de administrá-las, bem como os incentivos à gestão da acumulação de capital... (Delgado 1993b, p.2).

processo de modernização conservadora: grande capital, Estado e proprietários rurais" (Delgado, 1985, p.111).

Nesse sentido, o caráter inovador do estilo de intervenção estatal está situado na visualização dos nexos de relações interindustriais do e para o setor agrícola. O crédito farto com taxas de juros altamente subsidiadas visou favorecer o setor agropecuário em seu conjunto, tendo como clientela preferencial o produtor (modernizado ou modernizável), privilegiando, por meio das diferentes modalidades (investimento, comercialização e custeio), a indústria de bens de capital produtora de veículos, máquinas e implementos agrícolas, além de equipamentos de beneficiamento e de armazenagem. Também foram beneficiadas as cooperativas agrícolas, a indústria processadora e as indústrias química e petroquímica, produtoras de fertilizantes e defensivos agrícolas.

A administração de uma política de controle de preços, conjuntamente com uma bateria de incentivos fiscais voltados, em especial, aos capitais atrelados à estratégia de diversificação e incremento da exportação de produtos agroindustriais, reforçaram a política de crédito a fim de sedimentar sólidas alianças agroindustriais. Finalmente, a política tecnológica associada às instituições estatais de pesquisa e extensão rural constituiu um elemento crucial na articulação orgânica do Departamento de Bens de Produção da Indústria para a Agricultura.

O padrão de difusão de tecnologia, apoiado, como já assinalado anteriormente, nos princípios da "Revolução Verde", apresentava três características principais que condicionaram sua adoção e produtividade: "1. adaptabilidade das inovações biológicas a estratégias industriais das inovações físico-químicas; 2. estreita vinculação da adoção tecnológica à política de crédito rural e aos serviços de assistência técnica governamental; 3. inovações em geral apoiadas numa matriz energética intensiva no uso de derivados do petróleo" (Delgado, 1985, p.96).

Nesse sentido, o SNCR e a intervenção estatal na esfera tecnológica fizeram parte de uma estratégia que orientou e deu consistência ao processo de modernização.

No esforço de geração e adaptação da tecnologia, ocorreu uma divisão de trabalho específica entre setor privado e setor público, cabendo a este último a concentração dos esforços na geração das denominadas "inovações biológicas", particularmente novos cultivares, melhoramento genético na pecuária, controle de pragas e moléstias etc. Por outro lado, "o campo das inovações mecânicas e físico-químicas é propriamente esfera de domínio da grande empresa industrial, seja ela de capital estatal, multinacional ou nacional privado" (Delgado 1985, p.92).

Deve ainda ser considerada a atuação do Estado na difusão da tecnologia, por meio de seu aparato de assistência técnica e de extensão rural, elemento fundamental na estratégia de transferência para o setor agrícola de tecnologia gerada na indústria situada a montante da agricultura (insumos e bens de capital).

A partir desse conjunto de políticas, o Estado executou planejamento indicativo, engendrando novas formas de desenvolvimento capitalista na agricultura. De um lado, moldou e aprofundou as relações de integração técnica entre agricultura e indústria, a montante e a jusante. De outro, estimulou a integração de capitais, "mediante a fusão de capitais multisetoriais operando conglomeradamente, processo esse que é decididamente apoiado pelas políticas de corte multissetorial (comércio exterior, tabelamento de preços, incentivos fiscais etc.) e de fomento direto ... (crédito rural, política fundiária, tecnologia e desenvolvimento rural integrado)" (Delgado, 1985, p.112).

Em outras palavras, foi o Estado enquanto financiador e articulador dos diferentes interesses que garantia e gerenciava um padrão no direcionamento das relações entre os agentes, conferindo, dessa forma, um dado "estilo" ao processo de modernização.

COMPLEXO AGROINDUSTRIAL: MODELO DE DESENVOLVIMENTO E INSTRUMENTO DE APREENSÃO DO PROCESSO DE MODERNIZAÇÃO DA AGRICULTURA

As abordagens dos principais autores brasileiros (Guimarães, 1979; Muller, 1982a e 1989; Delgado, 1985; Kageyama et al., 1990) centradas na noção de "complexo agroindustrial" procuram "enfatizar uma mudança nas inter-relações entre o setor agrícola e o restante da economia, que tem se acentuado no Brasil desde o pós-guerra, no bojo do que ficou conhecido como o processo de modernização de nossa agropecuária" (Graziano da Silva, 1991, p.11).

A idéia central é que o padrão de modernização que caracterizou o período de 1965-1980 tem como elemento-chave a presença cada vez mais importante da relação entre agricultura e indústria, tanto "para trás" como "para frente". O complexo agroindustrial constituir-se-ia, nesse contexto, em ferramenta válida para a compreensão do processo de modernização, assentada na hipótese de que não é mais possível explicar a agricultura de forma isolada das outras atividades. Não obstante as peculiaridades do referido setor, a compreensão da sua dinâmica, e mesmo do caráter heterogêneo de seu desenvolvimento, deve considerar a dinâmica das outras atividades e a forma de sua articulação com elas.

Miranda Costa (1992), após proceder à análise do conceito de CAI presente nos autores anteriormente referidos, conclui que "o termo é utilizado com graus de abrangência diversos não apenas entre os autores mas mesmo no interior da obra de um mesmo autor" (p.15). Assim, o uso do termo "pode tanto caracterizar o processo de caráter amplo de integração agricultura-indústria, pós-anos 60, quanto para designar conjunto específico e determinado de atividades, marcadas pela profunda articulação da agricultura com outros setores, sobretudo industriais. Enquanto o primeiro poderia ser caracterizado como um macro CAI, para o segundo caberia melhor o termo cadeia agroindustrial" (p.15).

Seguindo o raciocínio de Alberto Passos Guimarães (1982) – para quem o CAI constitui etapa e via do desenvolvimento da agricultura no Brasil –, o conceito de CAI, em uma de suas acepções possíveis, definiria o modelo de desenvolvimento agrícola implementado no país, a partir dos anos 60.

Segundo Miranda Costa (1992), ampliando o alcance do conceito, poder-se-ia, ainda, por meio do aparato teórico que lhe dá suporte, apreender não apenas o estilo, mas o próprio modelo histórico de desenvolvimento da agricultura brasileira.

Nessa linha, a autora propõe empregar o termo "complexo agroindustrial" de forma análoga à como se utiliza o termo "substituição de importações", este usado para designar o modelo histórico de desenvolvimento da economia brasileira via industrialização substitutiva de importações que se inicia no período que se segue à depressão dos anos 30.[2]

Nesse sentido, da mesma forma que o termo "substituição de importações" comporta duas acepções, uma no sentido estrito e outra no sentido lato, o termo Complexo Agroindustrial, num sentido estrito, estaria referido às fortes articulações de determinada atividade agrícola, "para frente" ou a jusante e "para trás" ou a montante, aproximando-se do conceito de cadeia industrial e, portanto, utilizado para designar complexos específicos e determinados. Num sentido lato, designaria o processo histórico de desenvolvimento do setor agropecuário, intensificado no final da década de 60 e marcado por um novo padrão de articulação agricultura-indústria, em que a dinâmica e as condições de reprodução ampliada da primeira advêm, primordialmente, da segunda. Por meio desse "modelo" modernizam-se as atividades agrícolas, quer as articuladas ou integradas ... quer as não diretamente integradas às atividades industriais. (Miranda Costa, 1992, p.18)

Deste prisma, "o termo 'Complexo Agroindustrial' designaria o próprio modelo através do qual processou-se a modernização da agricultura, cuja dinâmica esteve situada na própria integração técnica e de capitais agricultura-indústria" (Miranda Costa, 1992, p.18).

Nesses termos, da mesma forma que, quando se fala no modelo de substituição de importações toma-se por referência uma mudança na dinâmica da economia que, impulsionada pela demanda externa, passa a depender do investimento interno, ao se referir ao modelo de desenvolvimento via CAI se está tomando por referência um determinado processo de desenvolvimento agropecuário, no qual as articulações agroindustriais – técnicas e de capitais – constituem o fator dinamizador da atividade agropecuária. (Miranda Costa, 1992, p.18)

Assim sendo, da mesma forma que foi detectado, no fim dos anos 60, o esgotamento do modelo de desenvolvimento da economia brasileira via "substituição de importações", podem ser diag-

---
2 Ver Tavares (1972).

nosticadas, no fim da década de 1990, transformações significativas na dinâmica da agricultura brasileira. Apesar de não estar evidente a "ruptura do modelo", observa-se o "redirecionamento" do processo de integração ou a exclusão de alguns agentes no curso do processo. A partir daí, pode-se inferir a perda de poder explicativo do aparato conceitual denominado CAI para a compreensão da dinâmica da atividade agroindustrial, pós-anos 90.

AS TRANSFORMAÇÕES ECONÔMICAS NOS ANOS 80 E SEUS REFLEXOS SOBRE A DINÂMICA RECENTE DO SETOR AGROINDUSTRIAL NO BRASIL

A partir de meados da década de 1980 e com maior intensidade nos anos 90, novos condicionantes redirecionaram o comportamento dos agentes direta ou indiretamente envolvidos com a atividade agroindustrial.

No âmbito da economia mundial, desencadearam-se mudanças associadas à crise do sistema capitalista e potencializadas por meio de saltos profundos no conhecimento científico que abriram as portas para inovações "revolucionárias", com fortes repercussões, não só no processo produtivo em si mesmo, mas nas formas de organização da produção e na implantação de novas estratégias empresariais.

No âmbito da economia nacional, a crise fiscal do Estado pôs em xeque o padrão de desenvolvimento agroindustrial inaugurado nos anos 60. Segundo Delgado (1993a, p.21), "colocado em dificuldades pelo lado da crise fiscal que desde então se manifesta, o setor público irá se desvencilhar do papel de financiador e articulador deste processo".

As transformações na ordem econômica internacional

A partir do fim dos anos 60, as tendências que caracterizaram o "círculo virtuoso" nas relações econômicas internacionais desde o término da Segunda Guerra Mundial começaram a desaparecer, iniciando-se transformações de grande envergadura na posição relativa ocupada por diversos países em escala mundial e nas formas do relacionamento entre esses países.

O período que se segue aos anos 70 caracterizou-se pela elevada instabilidade nas trocas comerciais e no fluxo de capitais e pelo conseqüente aumento da incerteza que passou a pesar sobre as relações econômicas internacionais. Trata-se de um contexto de transição e de gestação de uma nova ordem internacional, que tem como traço marcante a complexa configuração assumida pela economia mundial, diante do surgimento de novos centros econômicos e da alteração na natureza e dinâmica da internacionalização da produção e dos mercados.

A transformação da economia internacional processou-se num ritmo acelerado e com manifestações, aparentemente, contraditórias. Ao mesmo tempo que poderosas forças atuavam no sentido da globalização/integração econômica, conformava-se uma tendência em direção à regionalização/fragmentação das relações econômicas e do sistema político mundial.

Vários fatores convergiram para produzir uma dinâmica de competição global, cabendo salientar, dentre eles, as políticas de cunho neoliberal. Essas políticas representaram a resposta da "nova direita" aos dois fenômenos que marcaram as economias capitalistas centrais a partir dos anos 70: estagflação e desaceleração das taxas de crescimento da produtividade. Estiveram apoiadas em dois pilares que trouxeram importantes conseqüências para a evolução do sistema econômico mundial: o tratamento de choque monetário para reduzir a inflação e a desregulamentação dos mercados, compreendendo medidas destinadas à redução/eliminação de barreiras comerciais e de capitais, flexibilização do mercado e das relações de trabalho e a defesa do "Estado mínimo".

Paralelamente, um outro conjunto de transformações – a polarização dos fluxos de investimento, de tecnologia e de comércio e a crescente politização da concorrência – apontavam para a regionalização.

A emergência do investimento como força motriz do processo de internacionalização da produção e dos mercados, ocupando o lugar que, até então, cabia ao comércio, foi um fenômeno marcante desse período. "Na região da OCDE, o fluxo de investimentos internacionais diretos triplicou desde o princípio da década de 1980, superando largamente o crescimento no comércio internacional, de apenas 5% ao ano" (Ernst, 1992, p.110).

Essa mudança na dinâmica da internacionalização foi acompanhada pela crescente concentração do investimento direto no exterior no âmbito dos países industriais. O fluxo de investimentos internacionais, no período, é muito mais concentrado do que o fluxo do comércio internacional, de modo que os países em desenvolvimento, de modo geral, têm sido dele afastados.

Em essência, esses esquemas refletiram uma privatização crescente dos fluxos internacionais de tecnologia, que se caracteriza pela predominância de alianças oligopólicas de caráter nacional ou regional, impedindo e/ou dificultando o acesso ao conhecimento científico, projetos de produto e técnicas de produção, além da competência organizacional e de comercialização.

A tendência em direção à regionalização foi reforçada, ademais, pela polarização do comércio internacional. A esse respeito, afirma Martins,

> que para dizer de forma sumária: metade do comércio da CEE se efetiva no âmbito dela mesma; após uma fase de diversificação, mais de 40% das importações e exportações da América Latina passaram a se realizar, a partir de meados da década de 1980, novamente com os Estados Unidos. Os LDC e NIEs asiáticos mais a China realizam dois terços de suas importações entre si mesmos, o Japão e os EUA; da mesma forma, entre 63% e 77% das exportações do Japão, dos LDCs e NIEs asiáticos mais a China se faziam no âmbito da chamada Bacia do Pacífico, se nela se incluir os EUA. (1992, p.15)

A competição econômica tomou o lugar do conflito militar no centro da nova ordem internacional; mais especificamente, a concorrência passou a se constituir em uma questão crescentemente politizada. A competição ideológica entre capitalismo e socialismo passou a ser substituída pela competição entre várias formas de capitalismo, especialmente entre as formas de capitalismo americana e japonesa. Segundo Gilpin (1992), a primeira enfatiza a importância do livre mercado, a segunda apóia-se na forte parceria entre o Estado e o setor privado.

As transformações no âmbito tecnológico

As inovações nas áreas da biotecnologia, microeletrônica e tecnologia da informação traduziram-se em mudanças profundas e de conseqüências amplas, não somente por alavancarem alterações radicais nos métodos de concepção, produção, comercialização e distribuição, mas também por contribuírem decisivamente para a transformação da configuração na ordem econômica internacional.

Quanto aos impactos das tecnologias ligadas à biotecnologia, particularmente na esfera da cadeia agroalimentar, eles estão atrelados às possibilidades da produção agropecuária, à interpermutabilidade entre produtos agrícolas e à crescente preocupação com saúde, nutrição e ecologia.

Como salientam Kageyama et al. (1993), a quase totalidade dos novos desenvolvimentos da biotecnologia vegetal visam ao desenvolvimento de variedades com ênfase nas diversas formas de tolerância e resistência a situações adversas (resistência a herbicidas, insetos e doenças), nas melhores características para o processamento agroindustrial e em variedades de melhor *performance* nas condições pós-colheita (supressão de substâncias aceleradoras do amadurecimento das frutas).

No campo da biotecnologia animal, os desenvolvimentos vêm ocorrendo em todos os níveis da cadeia de alimentação – processos de alimentação e digestão animal, saúde, crescimento e reprodução –, sendo seu enfoque "tanto o de sobrepujar a rigidez que tem levado a uma alta estrutura de custos, particularmente para carnes vermelhas, quanto às questões de saúde e qualidade que derivam da produção animal intensiva" (Wilkinson, 1993a, p.338). Cabem ser ressaltados os desenvolvimentos na tecnologia da criação de gado, associados à fertilização *in vitro* e à utilização de hormônio de crescimento.

O desenvolvimento da biotecnologia animal e vegetal, em seus vários aspectos, representa para a indústria maiores possibilidades de adequar os insumos agrícolas às necessidades industriais, incorporando padronização, qualidade do produto, estabilização da oferta e ampliando as possibilidades de diferenciação/sofisticação.

A tomada de consciência dos efeitos da utilização de insumos químicos sobre o meio ambiente também abriu oportunidades para a biotecnologia. Situam-se, nesse campo, as inovações na área de herbicidas, em direção a uma proteção das colheitas, envolvendo exigências em doses menores e maior especificidade de ação, bem como o desenvolvimento de variedades resistentes a insetos e pragas.

No âmbito da aplicação da biotecnologia na transformação industrial, as técnicas de processamento para dividir e remontar componentes alimentares – novos usos de enzimas para extrair diferentes componentes de um espectro mais amplo de safras e mesmo a possibilidade de sintetizar esses componentes na fábrica – transformaram, segundo Ruivenkamp (1993), a natureza (identidade) de uma série de produtos agrícolas, os quais passam de "produto alimentar específico" para "insumo geral" para a indústria.

Finalmente, a crescente preocupação com saúde, nutrição e estética traduziu-se tanto na valorização de produtos alimentares com baixo teor de gordura e calorias e ausência de aditivos, como na valorização do "produto agrícola original".

Para a indústria de alimentos finais, as novas biotecnologias alteraram as relações de mercado. De um lado, alargaram o espaço para estratégias de diferenciação, assentadas nas características apontadas acima. De outro, pela ampliação da concepção do produto alimentar (integrando saúde, nutrição e estética), aproximaram, em determinadas situações, essa indústria das bases técnica e comercial da indústria farmacêutica, para a qual abriram-se, na visão de Wilkinson (1989), novos nichos de mercado ligados a vitaminas e dietéticos.

Por seu turno, as biotecnologias podem ser aproveitadas para reafirmar a competitividade do produto agrícola original. "Sementes resistentes a pestes e programáveis em termos de maturação podem eliminar as incertezas e irregularidades de abastecimento. As técnicas de clonagem e cultura de tecidos asseguram homogeneidade e velocidade de reprodução, enquanto a engenharia genética programa o produto desejado" (Wilkinson, 1989, p.20).

É na órbita das novas tecnologias ligadas à microeletrônica – automação flexível, mecatrônica, processamento de informações e comunicações – que os impactos foram mais abrangentes. Nesse sentido, adquiriram o *status* de uma "quase" revolução tecnológica, não só por dar origem a novos ramos industriais e, portanto, a novas fontes de criação de valor, lucro e acumulação, mas também por meio de seu potencial de "destruição criativa" (Schumpeter, 1943), na reorganização e rejuvenescimento de setores tradicionais.

A sofisticação dos sistemas de informação e de comunicação foi uma poderosa força na abertura de novas possibilidades de interações entre os agentes econômicos. À crescente capacidade para manipular dados em linhas complexas associou-se a facilidade de comunicação, reduzindo os custos e ampliando consideravelmente a capacidade de coordenação e controle de funções e atividades no interior das organizações. Por outro lado, a disponibilidade de sistemas de informação constituiu elemento facilitador da contratação externa de atividades, ao possibilitar, segundo as análises de Antonelli (1988) e Child (1987), a redução dos custos de transação entre várias empresas.

Ao possibilitar o armazenamento, processamento e transmissão de grande quantidade de dados a longa distância, os sistemas de informação e de comunicação contribuíram para acentuar a tendência em direção à globalização. De um lado, eles constituem o meio técnico da globalização financeira e, de outro, contribuem para a globalização da demanda, ao difundirem prontamente um número crescente de produtos e serviços aos compradores potenciais no mundo todo. Da mesma forma, eles possibilitam a intensificação das práticas de *sourcing global* (Coutinho, 1992), cabendo salientar: a) *sourcing* para suprimento de peças e componentes padronizados ou de matérias-primas; b) *sourcing* das preferências e das características dos mercados consumidores; c) *sourcing* de conhecimentos tecnológicos, incluindo aí o de recursos humanos qualificados.

A substituição da eletromecânica pela eletrônica como base da automação, de tal forma que microprocessadores ou "computadores dedicados" passam a guiar o sistema de máquinas ou parte deste, abriu espaço para a "reestruturação da organização da produção; viabilidade da combinação/fabricação em pequenos lotes/alta rentabilidade; diversificação da linha de produtos, cujos ciclos de vida são encurtados etc." (Souza, 1993, p.46).

À maior flexibilidade da oferta – capacidade relativa de produzir uma gama muito mais ampla de produtos em uma única planta, obtida por técnicas que põem em xeque os padrões fordistas – associou-se uma maior capacidade de inovação. Ao possibilitar e incentivar a estreita integração das atividades de projeto e desenvolvimento entre uma gama de empresas da cadeia produtiva e ao quebrar a rígida separação entre a concepção e a execução, por meio da descentralização e da ênfase no conhecimento e na polivalência, implantou-se novo padrão de organização.

Como resultado, o novo sistema de produção permitiu:

- a fabricação de bens relativamente diferenciados, além da oportunidade de produzir, de maneira eficiente, séries limitadas para mercados emergentes ou segmentos estreitos da clientela;
- respostas rápidas e apuradas às mudanças nos padrões de demanda e, mais significativamente, ampliação da possibilidade de concepção de produtos complexos que se adaptem às necessidades específicas dos clientes, alterando a própria noção de produto, pois a oferta de uma *performance* substitui a "oferta de um bem";
- a redução dos ciclos percorridos entre produto, projeto e mercado, aumentando a velocidade de colocação do produto.

A crise fiscal e a desarticulação do aparato de regulação estatal

A crise fiscal (Bresser Pereira, 1992) aponta para um desequilíbrio crônico – um fenômeno estrutural – onde se sobressaem dois ingredientes: dívida pública (interna e externa) elevada e uma poupança pública (diferença entre receita e despesa corrente) persistentemente negativa.

As transformações que se operaram no âmbito da estrutura do gasto público e do aparelho estatal, a partir do início dos anos 80 e com mais vigor no final da década, puseram dois pontos em evidência: de um lado, um ajuste de natureza convencional assentado na ótica da indisciplina fiscal e na ideologia neoliberal com ênfase no "Estado mínimo" e, de outro, a incapacidade de atacar de frente a dívida e a insuficiência de poupança. A esses pontos adiciona-se o viés político imanente à nova regulamentação tributária oriunda do texto constitucional de 1988.

Em conseqüência, o que se obteve não foi a recuperação da capacidade de intervenção do Estado, mas, ao contrário, a sua desarticulação e imobilização. Na esfera da intervenção no segmento agrícola, ocorreu "um processo rápido e algo caótico de demolição dos aparatos de Estado constituídos desde 1930 em distintas instâncias da política agrícola: as instituições por produto e os subsistemas de regulação funcional do setor rural" (Delgado, 1993b, p.15).

As instituições por produto (IAA, IBC, monopólio do trigo) foram extintas e seus sistemas de regulação comercial e produtiva foram transferidos a outros organismos ou simplesmente extintos. Por outro lado, com relação às instituições estratégicas ligadas ao financiamento (SNCR, PGPM) e ao apoio tecnológico (Embrapa e Embrater), Delgado ressalta que "as mudanças havidas apontam na direção de uma substancial redução de recursos orçamentários do governo federal, reduzidos a valores entre 1/3 e 1/2 daquilo que foram em 1987 e a valores ainda bem menores quando confrontados com indicadores do final da década dos 70" (1993b, p.16).

Considerando que o Estado situava-se no centro do padrão de desenvolvimento agroindustrial, inaugurado em meados dos anos 60, como patrocinador, legitimador e financiador das articulações entre os diferentes agentes econômicos, a desarticulação do seu aparato de regulação, sem que se defina um novo papel, representou uma desorganização dos interesses rurais e, mais significativamente, uma quebra na orientação e sentido do comportamento desses agentes.

A CRISE DO MODELO DE DESENVOLVIMENTO VIA CAI E A PERDA DE PODER EXPLICATIVO DO CONCEITO

Esse conjunto de profundas transformações que marcaram os anos 90 leva à discussão da vigência do padrão de modernização anterior, assim como à problematização da capacidade explicativa da noção de "complexo agroindustrial".

Na visão de Goodman, et al. (1990), "ao contrário de formulações recentes, o 'complexo agroindustrial' é visto como uma fase dinâmica e, no final das contas, transitória, no desenvolvimento industrial da agricultura, e não sua expressão final e mais completa" (p.2). Nesse sentido, o complexo agroindustrial corresponderia ao período histórico em que se consolida o padrão denominado "pacote tecnológico", viabilizado pelo desenvolvimento de variedade adaptadas à mecanização e quimificação" (Lifschitz & Prochnik, 1991, p.12).

Trata-se de um modelo cuja base são cadeias fortemente identificadas com produtos agrícolas específicos, estabelecendo uma identidade entre estes e o alimento final. A aglutinação dos diferentes interesses processa-se a partir da forte intervenção estatal expressa no "aprovisionamento da capacidade financeira e organizacional para a modernização agrícola – crédito e cooperativismo; desenvolvimento de sistemas de pesquisa e extensão para avançar os conhecimentos sobre os determinantes biológicos da produção agrícola não sujeitos à apropriação industrial; organização dos fluxos de produção, utilizando-se de políticas fiscais, creditícias e de comercialização" (Goodman, et al., 1990, p.142).

Nesses termos, complexo agroindustrial constituir-se-ia em uma ferramenta válida para analisar a dinâmica intersetorial (relação agricultura-indústria) típica de um dado período histórico.

A partir dos anos 80, a noção de complexo agroindustrial foi colocada em xeque enquanto aparato conceitual para a apreensão da dinâmica do setor, uma vez que os elementos básicos que lhe deram sustentação – um padrão de desenvolvimento tecnológico, que tem por referência os princípios da "Revolução Verde"; um estilo de inserção da agricultura no mercado internacional e um determinado perfil de intervenção do Estado – sofreram profundas alterações.

Assim, a coincidência do arrefecimento da atuação do Estado com a emergência de um processo de "reestruturação", que atinge a indústria como um todo, conduziram forçosamente a um quadro de maior flexibilidade, elevando o grau de autonomia dos agentes econômicos.

O aspecto central do novo cenário é a ampliação considerável do campo de ação por parte dos diferentes capitais com interesses na atividade agroindustrial. A redução considerável da intervenção do Estado potencializou a possibilidade de formulação de estratégias alternativas e autônomas, assentadas na diversidade de oportunidades advindas da implementação das novas tecnologias.

Com a redução do grau de indução, pelo Estado, e no contexto de profundas transformações nos mercados e na concorrência, enfraqueceram-se as bases que sustentavam as articulações entre os agentes, deixando "em aberto" o campo de opções estratégicas e propiciando, assim, o ambiente para a reestruturação das relações. A partir daí, as articulações intra e intersetores ficaram por conta das estratégias do setor privado.

2 O CAMPO DAS ESTRATÉGIAS EMPRESARIAIS – LOCUS PRIVILEGIADO PARA A COMPREENSÃO DAS NOVAS CONFIGURAÇÕES PRODUTIVAS

As profundas mudanças que marcaram o cenário dos anos 80 e 90, em razão do intenso processo de inovação tecnológica e das alterações na estrutura do comércio e das relações de poder internacionais, são características de um momento de transição para um novo padrão de industrialização e desenvolvimento, da gestação de um novo "paradigma tecno-econômico" (Freeman & Perez, 1988), no qual prevalece a incompatibilidade entre os requerimentos da produção e comercialização associados às novas possibilidades tecnológicas e às instituições nacionais e internacionais que regulamentam as atividades econômicas, sociais e políticas.

Em síntese, a transição de um "ambiente" relativamente estável para um "ambiente" mutável e incerto.

O caráter mutável e incerto do novo ambiente acentuou-se com a redução considerável da amplitude e da magnitude da intervenção do Estado na coordenação direta e indireta da atividade econômica. No caso do Brasil, a emergência da crise fiscal e das orientações de cunho neoliberal traduziram-se não só na desarticulação de importantes inter-relações cimentadas pelo Estado, mas, também, no caráter "frouxo", ou mesmo na ausência, da coordenação de novas articulações entre os agentes econômicos.

Enquanto os anos 60 e 70 se caracterizaram pela presença de contornos bem definidos no âmbito das posições e das articulações das relações entre os agentes econômicos, a marca do período pós-anos 80 é a fluidez de contornos. Nesse sentido, na apreensão da dinâmica desse período mais recente adquire especial relevância a identificação e análise do campo das estratégias dos agentes, em resposta às profundas mudanças no cenário da concorrência.

À conformação de um jogo competitivo muito mais dinâmico e complexo alia-se à exacerbação da nebulosidade do cálculo capitalista, impelindo à revisão das estratégias, visando a novas fontes e novas formas de obtenção e de manutenção de vantagens competitivas, assim como a fórmulas para compartilhar os crescentes riscos imanentes às decisões.

Nesse processo, sobressai-se como componente fundamental a reformulação das formas de organização intra e interempresas, incorporando como orientação central a obtenção de flexibilidade. Buscou-se, com isso, privilegiar soluções que aumentassem a agilidade e a versatilidade das empresas às novas condições. Ao dar origem a novas articulações, tanto no âmbito interno das empresas, quanto no âmbito das relações entre elas, as formas de organização apresentam-se como um *locus* privilegiado de análise da reestruturação das relações e das novas configurações produtivas.

Assim, o objetivo deste capítulo é caracterizar as formas de ação das empresas ante a percepção dos impactos que alteraram o ambiente concorrencial em que se inserem.

REESTRUTURAÇÃO INDUSTRIAL – A CONFORMAÇÃO DE UM AMBIENTE TURBULENTO

A velocidade das transformações que caracterizam o período pós-anos 80, conformou, na expressão de Cohendet & Llerena (1990), "um ambiente sob regime de informação conturbada", onde as empresas não dispunham de instrumental adequado para captar e apreender a evolução da demanda, da concorrência e da tecnologia.

Tratava-se de um momento de transição em direção a um novo padrão industrial, cujas características centrais são: "intenso ritmo das mudanças tecnológicas que acelera a obsolescência técnica de equipamentos, processos e produtos e propicia o rejuvenescimento de indústrias "maduras" e o surgimento de novas atividades industriais, comerciais e de serviços; as crescentes flutuações dos mercados; a diluição de suas fronteiras e o aumento das condições de incerteza e de risco em que são tomadas as decisões dos agentes econômicos" (Souza, 1993, p.2-3).

Na análise das condições que cercam a geração dos conhecimentos e competências associados às novas tecnologias, emergem três aspectos essenciais que expressam, de maneira geral, o potencial de transformação dessas condições: montante de investimento em P&D (pesquisa e desenvolvimento), ritmo e intensidade do progresso técnico e a complexidade crescente do domínio de tecnologias.

Ao aumento do montante de investimento em P&D, de modo a superar a capacidade financeira das maiores empresas, conjugou-se o encurtamento do ciclo de vida dos produtos, incrementando consideravelmente os riscos envolvidos. Nesse sentido, tornou-se crucial a amortização dos investimentos no período mais curto de tempo possível, impelindo à ampliação geográfica de mercados e reforçando a tendência à globalização da demanda.

Por seu turno, o desenvolvimento simultâneo e a interação de várias das novas tecnologias tornaram impossível o domínio rápido de uma gama de disciplinas científicas e tecnológicas. A microeletrônica, os computadores, a tecnologia da comunicação e da informação interpenetram vários ramos e empresas, produzindo uma convergência de trajetórias. Nesse sentido, a crescente complexidade tecnológica tornou a idéia da autarquia incompatível com a velocidade que caracteriza o desenvolvimento das novas tecnologias.

O intenso ritmo de desenvolvimento tecnológico e o encurtamento do ciclo de vida dos produtos acentuaram o grau de incerteza em relação à tecnologia e suas inovações. Mais precisamente, as referidas transformações exacerbaram o perigo de rápida desatualização em se tratando de conhecimento e competência, assim como a dificuldade de reproduzi-los autonomamente.

O caráter muito mais dinâmico dos mercados aumentou sobremaneira o grau de incerteza também quanto à demanda em razão da menor fidelidade dos consumidores a produtos e a marcas, manifestada a partir da ampliação das oportunidades de diferenciação e sofisticação abertas pelas novas tecnologias. A instabilidade trazida por essa nova ordem econômica internacional e as experiências recessivas que marcaram as últimas décadas também contribuíram para tornar a demanda oscilante.

O aumento da importância significativa da sensibilidade às mudanças das preferências dos consumidores impeliu à maior proximidade dos mercados finais e à maior diversificação/diferenciação dos produtos.

A clientela mais exigente, mais difícil de atender e de convencer e, sobretudo, a variedade dos comportamentos de compra entre uma região e outra, entre um segmento de mercado e outro, tornaram muito mais complexo o conhecimento dos mercados.

Nesse sentido, nas atividades de produção, comercialização e distribuição intervieram novos padrões estratégicos, assentados:

- na concepção mais ampla dos produtos, por meio da incorporação crescente de serviços (pré e pós-venda);
- no aprofundamento da interdependência e da coordenação entre o *design*, a produção e a comercialização;
- na necessidade de reorganizações freqüentes no processo produtivo, trazendo à tona a rigidez das rotinas organizacionais e o caráter irreversível dos investimentos;
- na exigência de competências cada vez mais especializadas.

REFORMULAÇÃO DAS FORMAS DE ORGANIZAÇÃO – NÚCLEO DA RESPOSTA DAS EMPRESAS AO CONTEXTO ATUAL

No centro do quadro de profundas modificações e do caráter turbulento do ambiente mundial emergiram novas formas de concorrência. A dinâmica das barreiras à entrada e à saída foi alterada, ameaçando posições e provocando a erosão de estruturas aparentemente sólidas e sadias.

Para se adaptar, as empresas reformularam suas estratégias, a partir da revisão das suas formas de inserção e de atuação na atividade produtiva, no âmbito de sua organização interna e nas interações com a cadeia da qual fazem parte.

A reformulação das formas de organização das atividades produtivas e da estrutura administrativa evidencia-se, portanto, como elemento central das novas formas de obter e manter vantagens competitivas, assim como mecanismo fundamental de compartilhamento dos crescentes riscos imanentes às decisões. O resultado foi a revisão e o estabelecimento de novas articulações entre os agentes econômicos, o que se refletiu, de modo especial, na fluidez de fronteiras entre empresas e entre setores, derivando em novas configurações produtivas.

A presente análise das dimensões e dos contornos das estratégias de reorganização no interior do setor agroindustrial partiu da localização dos principais movimentos e ações implementados por parte de empresas que constituem a denominada "agroindústria processadora", correspondentes aos segmentos: soja/óleos/carnes; trigo/moinhos; leite/laticínios e citricultura.[1]

Vale salientar que, na época em que se levantaram os dados, grande parte das empresas ainda não tinha consolidadas novas sistemáticas de atuação. Assim, considerando o caráter recente do fenômeno, procurou-se apreender "o momento", identificando as variáveis envolvidas e os vetores de transformação.

Na cadeia soja/óleos/carnes observaram-se distintos perfis de reorganização, no interior de seus diferentes subsegmentos. As grandes empresas que integram essa cadeia deram ênfase à reestruturação administrativa, envolvendo redução de níveis hierárquicos e eliminação da duplicação de funções e de cargos; à relocalização geográfica de unidades industriais, envolvendo a construção/aquisição de plantas na Região Centro-Oeste e encer-

---

[1] Essa investigação está assentada em um conjunto de informações levantado em periódicos especializados, no período de janeiro de 1990 a junho de 1994.

ramento de outras unidades nas regiões Sul e Sudeste; à terceirização de atividades acessórias (serviços de alimentação, limpeza, transporte, zeladoria, segurança etc.); ao estabelecimento de articulações com agentes econômicos situados fora da cadeia produtiva, principalmente as redes de *fast-food*; à revisão das formas de relacionamento com os pequenos e médios produtores agrícolas integrados; e às associações e alianças com grupos e empresas de outros países, que produz(em) o(s) mesmo(s) produto(s).

No caso das médias empresas, vinculadas à produção de carnes (suínos e aves), as ações se dirigiram para a remodelagem da estrutura administrativa, visando à redução de custos e à maior agilidade na tomada de decisões; alianças com empresas de porte semelhante e que atuam na mesma atividade, no mercado interno, com o objetivo de obter sinergia nos canais de distribuição; alianças com empresas da Argentina, visando a facilitar o acesso a esse mercado; e finalmente, reformulação das formas de integração com os produtores rurais.

Quanto às empresas tradicionalmente mais identificadas com soja/óleos, observaram-se três tendências: saída da atividade de esmagamento, acompanhada da concentração no refino; busca da diferenciação/sofisticação, por meio da produção de óleos com baixo teor de gordura, cremes vegetais etc.; diversificação, mediante a incorporação de novas bases técnicas – produção de sabões, detergentes e cosméticos.

Ainda no interior desse subsegmento, observaram-se novas formas de relacionamento com os fornecedores e a implementação de alianças com empresas situadas fora do setor. Merecem destaque as parcerias com os fornecedores de embalagem e os novos mecanismos de financiamento e comercialização da safra.

Nas cooperativas atreladas ao subsegmento soja/óleos – Cocamar e Cotrijuí –, observou-se um esforço de diversificação. A primeira, sem procurar se afastar das atividades ligadas à soja, ampliou suas atividades para o processamento de laranja e de cana-de-açúcar, produzidas por seus cooperados. A segunda visou a reduzir a dependência excessiva da soja e do trigo, direcionando-se para a produção de milho e seus derivados, além de entrar na produção e industrialização de carne suína.

Na cadeia trigo/moinhos, o processo de desregulamentação, a criação do Mercosul e a retirada do Estado deram início a uma disputa feroz pelo mercado, corroendo as margens de lucro. A estratégia das líderes (J. Macedo e Moinho Santista) centrou-se na sofisticação/diferenciação dos produtos, compreendendo tanto o lançamento de farinhas pré-preparadas para panificação e do tipo *durum* (para a produção de massas especiais), quanto a busca da diversificação em direção às massas e aos biscoitos finos e de qualidade.

Na reorganização do grupo J. Macedo, a aliança com empresas que desenvolvem o mesmo tipo de atividades foi essencial para a capacitação técnica e para a ampliação da base comercial, fortalecendo sua posição no mercado nacional. Do mesmo modo, a aliança com empresas fora do setor foi realizada, tendo por meta a obtenção de suporte financeiro.

Já no caso do Moinho Santista, a ênfase recaiu na reestruturação administrativa, envolvendo ações similares a outros casos anteriormente citados; na reestruturação das atividades produtivas, envolvendo a venda de unidades fora de seu âmbito de interesse; e na intensificação de relações com fornecedores, merecendo ênfase especial aquelas que se propuseram ao aprimoramento e desenvolvimento da produção de embalagens.

Ainda no caso dos moinhos, na estratégia do grupo Pena Branca, constituiu inovação o contrato de franquia com a cadeia internacional Pizza Hut.

Finalmente, a estratégia do Grupo Moinho Pacífico apontou para uma possível tendência das empresas de menor porte, qual seja, a de afastamento da atividade de transformação em direção ao fornecimento de serviços para o setor. No caso em questão, a empresa iniciou a atividade de aquisição de trigo em grão no mercado internacional. Para tanto, buscou associação com *trading* que dispunha de *know how* na área. Tratava-se de tentativa de ocupar o espaço anteriormente desempenhado pelo Estado.

Na cadeia leite e derivados, o processo de desregulamentação afetou diretamente o segmento de leite fluido, tradicionalmente sob o controle das cooperativas centrais. A política agressiva de aquisições, praticada pela multinacional Parmalat, abalou os alicerces do setor. Acrescente-se a esse fato, a ameaça potencial de entrada de empresas argentinas e uruguaias, particularmente no mercado de queijos e sobremesas lácteas, em decorrência da constituição do Mercosul.

A resposta estratégica das cooperativas foi dada em duas direções: por um lado, mediante o "enxugamento" da estrutura administrativa e da terceirização de atividades acessórias, por outro, intensificando e "aprimorando" as relações com os cooperados, por meio da transferência de técnicas voltadas à melhoria da produtividade e das condições de conservação e de transporte. Sob este último aspecto, a prioridade foi dada ao aprimoramento genético do rebanho.

Na agroindústria citrícola, o quadro de acirramento da concorrência e de necessidade de abertura de novos mercados exigiu a implementação de estratégias objetivando a redução de custos mediante a ampliação de economias de escala. Nesse sentido, os movimentos de reorganização que atingiram as empresas processadoras expandiram-se sobre os produtores agrícolas.

No que se refere às empresas processadoras, uma das tendências foi a da ampliação da produção própria de citros. Com isso, elas previniram-se contra o acirramento da concorrência de empresas recém-ingressantes no setor, no que tange à aquisição da matéria-prima, e, do mesmo modo, forçaram a elevação da produtividade dos fornecedores, com efeitos diretos sobre o grau de concentração e centralização na atividade agrícola.

Outra tendência concretizou-se por meio da constituição de associações e alianças entre empresas concorrentes, visando à obtenção de economias de escala que viabilizassem a superação de barreiras na distribuição e na produção de suco concentrado.

O CAMPO DE AÇÃO DA REESTRUTURAÇÃO DAS RELAÇÕES ENTRE OS AGENTES ECONÔMICOS

A partir do rastreamento dos referidos movimentos e ações desenvolvidos pelas empresas foi possível delimitar o campo de ação da reestruturação das relações entre os agentes econômicos, o qual constituiu a base de novas configurações no interior do tecido agroindustrial.

Na seção anterior, verificou-se que a grande maioria das empresas esteve envolvida em mudanças fundamentais nas formas de organização e práticas administrativas, visando a adaptar-se às novas exigências competitivas, compartilhar custos e riscos e ampliar a flexibilidade diante da instabilidade.

Essas alterações podem ser analisadas a partir da sistematização das ações e estratégias em duas esferas: a da redefinição dos modos de gestão interna e a da redelimitação do "espaço" de articulação e coordenação das diferentes atividades produtivas.

Redefinição dos modos de gestão interna

No âmbito da gestão interna, as principais mudanças estiveram associadas a alterações: na estrutura administrativa, na organização da produção e dos processos de trabalho e nas condições e relações de trabalho.

Quanto à revisão da estrutura administrativa, observou-se a conjugação de duas tendências, a princípio contraditórias: descentralização e consolidação.

As medidas voltadas para a descentralização abrangeram, inicialmente, o "achatamento" da hierarquia, por meio da redução do número de níveis hierárquicos e eliminação de alguns cargos de gerência e de supervisão, tanto na produção quanto na administração. Verificou-se, ademais, a divisão dos setores administrativos e de comercialização em unidades com maior autonomia e responsabilidade (células administrativas), funcionando como se fossem "empresas", que compram e vendem para as demais "empresas".

Paralelamente, foram implementadas medidas visando à "consolidação administrativa": redução/aglutinação de funções, departamentos e competências.

Na esfera da organização da produção e dos processos de trabalho, a ênfase recaiu, de um lado, na organização do processo produtivo em células, substituindo a organização em linha, conjugada à revisão, redução ou eliminação da função de "supervisor de produção"; e, de outro, no acompanhamento e controle contínuos da qualidade, a cada operação, pelo próprio operário, em substituição à inspeção pelo "pessoal do controle de qualidade", ao final do processo.

Quanto às condições e relações de trabalho, de um lado, o papel de realce foi atribuído ao maior envolvimento dos funcionários nas decisões relativas à organização e às condições de trabalho e, de outro, à exigência de funcionários mais generalistas e polivalentes.

Redelimitação do "espaço" de articulação e coordenação das diferentes atividades

A redelimitação do espaço onde se articulam e são coordenadas as diferentes atividades se consubstanciou por meio:

- da revisão da estrutura interna e espacial das atividades;
- da reconfiguração e/ou ampliação das articulações com fornecedores, distribuidores e clientes;
- da intensificação das articulações com concorrentes no mesmo domínio ou em domínios distintos.

Revisão da estrutura interna e espacial das atividades

A revisão da estrutura interna das atividades abarcou um conjunto de ações que tiveram por referência:

- uma política de retirada e/ou redução da gama de atividades, refletindo uma certa "especialização" e abarcando: a venda de setores, departamentos ou unidades inteiras da empresa; a saída ou redução de atuação em determinados segmentos de mercado; o encerramento de unidades produtivas; e a externalização (terceirização), via subcontratação, licenciamento e franquias;
- uma política de ampliação do portfólio, refletindo a "diversificação" e implicando a aquisição/entrada em negócios relacionados ou não aos atuais.

É importante inserir a revisão da estrutura interna das atividades em um horizonte de longo prazo. Mais precisamente, constitui um movimento estratégico que só pode ser apreendido e revelar sua racionalidade a partir da trajetória e do eixo diretor do crescimento da empresa.

Foi possível visualizar três grandes orientações de crescimento: "polarização" do crescimento em torno das atividades principais da empresa; "reconversão" ou deslocamento do crescimento para outras atividades e crescimento "conglomerado".

Ambas as políticas – de especialização e de diversificação – podem ser interpretadas como um movimento de "reconcentração das atividades desenvolvidas internamente", à medida que o objetivo maior for a "polarização" das atividades da empresa em torno de suas "competências estratégicas".[2]

Nesse caso, o princípio que orienta a reconcentração é, portanto, a busca da "coerência estratégica" das atividades desenvolvidas internamente. A "coerência estratégica" traduz a pressão de uma "força de gravitação" na disposição da gama de atividades desenvolvidas. Essa força é freqüentemente designada como a "busca de sinergias", que se expressa por meio da complementaridade industrial e/ou comercial das atividades e que se efetiva na concentração dos recursos financeiros em objetivos precisos.

No entanto, para as empresas cujo mercado correspondente à sua atividade-base não pode ser ampliado (saturação, estagnação da rentabilidade etc.) ou que tiveram o valor de algumas de suas competências estratégicas reduzido, em conseqüência da reestruturação industrial, a revisão da estrutura das atividades internas adquire novo significado. A diversificação para novas e distintas atividades transforma-se em uma imposição.

Nesse contexto, a empresa é impelida para um esforço de "reconversão", assentado em uma política de retirada/redução das atividades atuais, concomitante à diversificação para novas e distintas.

Já no caso particular das empresas que têm disponibilidades financeiras superiores às suas necessidades, pode prevalecer o crescimento "conglomerado", cuja ênfase recai, basicamente, na

---

[2] A noção de "competência estratégica", proposta inicialmente por Penrose (1959), dá ênfase ao que a empresa está apta a fazer e a aprender, constituindo a base da empresa no mercado, assim como de suas ações futuras.

diversificação para novas e distintas atividades, conformando um quadro de "dispersão" das atividades desenvolvidas.

Vale salientar que o potencial de crescimento de um grupo empresarial não está associado à dispersão de suas atividades; ao contrário, o crescimento exige a coesão estratégica do conjunto de atividades. Nesse sentido, a diversificação conglomerada constitui uma estratégia minoritária e, freqüentemente, sujeita a correções.

A revisão da estrutura espacial das atividades abarcou o encerramento e o deslocamento de unidades administrativas, comerciais e de produção, o que se traduz no "encolhimento" ou na ampliação do raio de atuação geográfica das empresas.

Esse conjunto de decisões atinentes à reformulação do *locus* de execução das atividades produtivas, no âmbito interno e no âmbito geográfico, acabam por rebater no aprofundamento das inter-relações com as demais empresas.

Reconfiguração e/ou ampliação das articulações com fornecedores, distribuidores e clientes

As formas de relação contratual entre as empresas integrantes da cadeia produtiva não constituem, em si, uma novidade. O fato novo está associado, de um lado, à sua intensificação e, de outro, à "sua generalização para um conjunto de funções da firma, da P&D à comercialização, passando pela fabricação" (Delapierre, 1991, p.136), levando a mudanças no caráter qualitativo da forma de relação com clientes, distribuidores e fornecedores, marcadas pela busca persistente de redução de custos; pela capacidade de responder de forma rápida a flutuações na demanda; pela crescente orientação para diferenciação/sofisticação dos produtos; e, em especial, pela nova realidade da "qualidade global".

Na análise das relações contratuais ao longo da cadeia produtiva, é importante distinguir o tipo de atividade objeto da relação. Assim, de um lado, comparecem as chamadas atividades auxiliares (serviços de limpeza, de restaurante, de manutenção, de transporte de empregados, recrutamento, seleção e treinamento de mão-de-obra etc.) e algumas operações de apoio e acabamento (marcenaria, ferramentaria, tratamento superficial, revestimento, pintura, pregar botões etc.) e, de outro, fases importantes do processo produtivo.

Dentre as várias formas de inter-relações entre empresas que emergiram a partir desse processo, merecem realce a subcontratação, a franquia e a parceria.

A subcontratação, atrelada à terceirização de atividades auxiliares e às atividades de apoio e acabamento, visou eminentemente à redução de custos, seja por meio da transformação de custos fixos em variáveis, seja buscando-se evitar o custo dos encargos sociais e/ou pressões trabalhistas.

Na esfera das fases importantes do processo produtivo, a subcontratação visou à redução de custos ou, ainda, constituiu o resultado da decisão de não ampliar a capacidade produtiva interna, em razão de expectativas negativas quanto ao futuro da atividade econômica, porque se tratava de atividades relativamente padronizadas e que requeriam baixa "especificidade" dos ativos.

Tratando-se de tarefas que requeriam habilidade e conhecimento, a subcontratação visou à busca da competência técnica do subcontratado e à obtenção de "economias de especialização". Como afirma Souza (1993, p.139): "a empresa, na situação de subcontratada de especialização, executa atividades produtivas ou de serviços diferentes mas complementares às das empresas clientes. Ambas desfrutam das vantagens da especialização ... A empresa ganha em especialização e pode concentrar investimentos em áreas ou produtos mais estratégicos".

As parcerias representaram um estágio mais avançado no âmbito das relações entre fornecedores e clientes. Elas expressam um estreitamento de ligações, por meio do compartilhamento de decisões quanto aos métodos de produção e à qualidade dos materiais utilizados e, mais significativamente, ao investimento conjunto em projetos voltados para o interesse comum.

Finalmente, o sistema de franquia – empresas operando sob licença de uma "grande marca" – constituiu um mecanismo eficiente para atingir maior proximidade com os mercados finais e alcançar controle sobre a comercialização. Segundo Souza, essas fórmulas, se bem administradas, permitem: diluir custos de comercialização dos produtos e de fixação e solidificação da marca (o ponto-chave nesse sistema), manter um canal permanente, entre a rede de licenciados e a empresa licenciadora, para circulação de informações sobre tendências do mercado, grau de aceitação do produto, sinais de esgotamento dos apelos de venda etc.; ampliação, com baixo custo para a licenciadora, das áreas geográficas de vendas do produto; associação do produto a um padrão de atendimento ao cliente; e, o mais importante, a licenciadora repassa para terceiros boa parte dos custos da ampliação de sua área de comercialização, mantendo controle do processo. (1993, p.127-8)

Intensificação das articulações com concorrentes no mesmo domínio ou em domínios distintos

Nesse âmbito, a tendência apontou tanto na direção do aumento do número de fusões e aquisições, quanto incremento da formação de alianças estratégicas, isto é, da associação entre empresas que passaram a executar atividades em comum, porém mantendo sua autonomia.

Cabe salientar que boa parte das operações de aquisição teve por referência o processo de reformulação da estrutura interna das empresas que realizaram essas aquisições, envolvendo a alienação de setores/segmentos de atividade que se mostraram alheios à vocação da empresa. Nesse sentido, denotou muito mais o reforço e/ou a concentração nas "competências estratégicas" do que o aumento da participação no mercado ou a entrada em setores totalmente alheios à tradição produtiva da empresa.

É importante distinguir entre as inter-relações assentadas em aquisições e fusões e aquelas construídas por meio de alianças/associações.

No primeiro caso, ocorre a transferência do controle da propriedade ou a constituição de uma nova entidade empresarial com controle unificado de capital. Diferentemente, as alianças/associações compreendem "um conjunto de relações baseado no compartilhamento de competências, num domínio de atividade definido, entre empresas concorrentes ou potencialmente concorrentes, onde cada uma guarda a sua autonomia estratégica" (Garrette, 1989, p.20).

As alianças constituem, assim, um instrumento que permite o acesso às competências estratégicas e à conquista de mercados, sem que isso implique a estratégia clássica de integração de empresas concorrentes ou conexas. Nesse sentido, Powel (1987) salienta que as alianças mostram-se preferíveis à absorção e à fusão porque, dado o caráter tácito do conhecimento e da experiência, a incorporação de uma empresa não garante que o necessário conhecimento tenha sido adquirido. Ademais, esse procedimento evita comprometimentos irreversíveis de recursos.

Segundo Dussauge (1990), as alianças embutem uma tensão interna como conseqüência da sua posição intermediária entre duas situações clássicas que se opõem:

- a concorrência aberta entre empresas autônomas, de um lado;
- a concentração de várias entidades preexistentes no seio de um grupo dotado de um centro de decisão estratégico e de uma estrutura hierárquica única, de outro.

Essa tensão se manifesta por meio de possibilidades tendenciais. Algumas alianças aproximam-se de uma quase concentração, e podem evoluir para uma fusão de fato. Já em outras subsiste a rivalidade interna entre os parceiros, constituindo-se numa espécie de "parênteses" em uma situação de concorrência aberta.

Nesse sentido, foi possível identificar um *continuum* de formas organizacionais no interior das alianças, partindo de um extremo, caracterizado por relações fortes e estreitas, a outro extremo onde as relações são fracas e próximas a "puras relações de mercado".

Em uma escala construída com base na intensidade das inter-relações, puderam ser identificadas, em ordem decrescente, as seguintes formas: *joint ventures*; participação minoritária ou cruzada no capital; acordos envolvendo pesquisa e desenvolvimento conjuntos ou transferência de tecnologia; consórcios para participação em concorrências internacionais e/ou para investimento em laboratórios de P&D; acordos de fornecimento de componentes; acordos de licenciamento de tecnologia; acordos de distribuição e de *marketing*.

AMPLITUDE E SIGNIFICADO DA REFORMULAÇÃO DAS FORMAS DE ORGANIZAÇÃO INTRA E INTEREMPRESAS

Em ambientes marcados pelo incremento da incerteza, a flexibilidade emerge como um atributo fundamental a ser incorporado ao processo de decisão, visando à obtenção de soluções que aumentem a agilidade e a versatilidade dos agentes.

Entendida como o grau de liberdade em relação aos objetivos traçados, a flexibilidade não é um conceito novo. No período pós-anos 90, assumiu novos significados atrelados à natureza do contexto decisório. Considerando que a incerteza manifesta-se sob diversas formas – na demanda, na tecnologia e na concorrência –, a ênfase recaiu na flexibilidade enquanto atributo fundamental para tratar com todas as formas de turbulência.

Ao refletir um posicionamento estratégico perante um ambiente turbulento, a flexibilidade transpareceu, de modo especial, na esfera das formas de organização da atividade produtiva. Mais precisamente, a busca da flexibilidade engendrou uma criatividade considerável no que toca às formas de organização da produção, tanto no âmbito interno, quanto no âmbito das relações entre empresas.

Flexibilidade – um caminho para a ampliação de opções diante da turbulência

A flexibilidade pode ser buscada mediante orientações distintas, de acordo com a natureza do contexto decisório. Nesse sentido, é fundamental proceder à análise do seu significado segundo duas perspectivas: estática e dinâmica.

Flexibilidade no contexto estático

Na ótica estática, os agentes econômicos têm definido um conjunto acabado de opções produtivas, no preciso sentido de que suas características básicas são conhecidas, embora as opções possam estar associadas a uma distribuição de probabilidades. Ficam, portanto, excluídas do âmbito da análise o processo e a seqüência temporal de decisões a ele imanentes que deram origem ao conjunto de opções.

Stigler (1939) concebe a flexibilidade como um atributo da tecnologia "que confere ao capital a possibilidade de limitar a variação dos custos unitários quando o nível de produção varia" (Stigler apud Cohendet & Llerena, 1989, p.21). Nesse sentido, a flexibilidade é identificada às diferentes funções de custo associadas às várias técnicas de produção disponíveis. Mais precisamente, "a flexibilidade varia inversamente com a curvatura dos custos totais. Se a curva de custo total médio tem a forma de U, quanto mais achatada ela for e mais lentamente crescer o custo marginal, maior a flexibilidade da empresa" (Carlsson, 1989, p.181).

Nessa acepção, a noção de flexibilidade identifica-se com o conceito de elasticidade da oferta. Quanto mais facilmente a empresa puder modificar seu volume de produção e menores os custos suplementares associados a uma dada variação desse volume, mais a empresa é flexível com relação à quantidade.

Ao lado dessa versão quantitativa da flexibilidade, existe a versão qualitativa, cuja referência é a capacidade de modificar, ao menor custo, a composição da linha de produtos. Trata-se da possibilidade de

> produzir produtos diferentes na mesma linha de produção – sejam diferentes estilos de sapatos ou de automóveis. O objetivo é uma resposta de curto prazo a mudanças nas condições da demanda, a partir de mudanças significativas na composição da linha de produtos sem incorrer nas penalidades usuais inerentes à parada de linhas inteiras de produção. Se a demanda da mercadoria A for maior do que o esperado e se as vendas da mercadoria B são desapontadoras, a firma pode mudar a ênfase da segunda para a primeira, com penalidades relativamente reduzidas. (Carlsson, 1989, p.184)

Nessa concepção, a flexibilidade está atrelada à existência de um "portfólio de produtos" e à possibilidade de mudar rapidamente escalas e seqüências de produção, passar produtos de uma linha para outra ou trocar rapidamente de ferramentas.

Em síntese, da ótica estática, a flexibilidade está limitada à habilidade da empresa de lidar com os efeitos das flutuações da demanda sobre o grau de utilização da capacidade produtiva, expressando a possibilidade de acomodação/adaptação, ao menor custo, às alterações no nível de produção e/ou à sua composição.

Faz-se necessário, portanto, ampliar o âmbito da análise, porque a flexibilidade deve abranger a habilidade para lidar não apenas com as flutuações da demanda, mas com todas as formas de turbulência do ambiente.

As flutuações na demanda representam somente um dos aspectos do ambiente das empresas que exige flexibilidade. Mudanças no mercado dos produtos da empresa podem ocorrer devido à mudança tecnológica: novos produtos podem surgir, assim como melhorias nos produtos já existentes na forma de maior qualidade, novas variedades etc. Ademais, a mudança tecnológica pode afetar o sistema produtivo, por exemplo na forma de novo maquinário e métodos de produção, novos sistemas de gerenciamento e controle etc. (Carlsson, 1989, p.182)

Flexibilidade no contexto dinâmico

Na ótica dinâmica emerge a complementaridade intertemporal do processo de decisão. As decisões tomadas em um dado período estabelecem processos irreversíveis que determinarão decisões relacionadas no futuro, ao mesmo tempo que colocarão restrições sobre elas.

O aumento do grau de incerteza e a redução da confiança que os agentes depositam no "estado atual dos negócios" traduzem-se na exacerbação do caráter irreversível do processo decisório.

A resposta estratégica adequada a tal situação é a busca da flexibilidade, que se expressa, em primeira instância, na postergação das decisões, objetivando a espera de maiores informações no futuro.

Nesse contexto, a flexibilidade, em oposição à irreversibilidade, aparece associada com a manutenção do maior grau de liberdade nas decisões vindouras. Em outras palavras, aproxima-se do conceito keynesiano de "preferência pela liquidez". Segundo Hicks (1979, apud Amendola & Gaffard, 1988, p.39), "a liquidez, de fato, é a liberdade. Quando uma empresa toma uma decisão que diminui a sua liquidez, expõe-se ao risco de ter diminuído, ou retardado, a sua habilidade de responder às oportunidades futuras".

No entanto, por trazer implícita a postergação das decisões, a manutenção dos ativos na forma líquida imprime à flexibilidade um caráter eminentemente defensivo: "não diminuir as opções para o futuro". A esse respeito, Amendola & Gaffard (1988, p.42) afirmam que "uma escolha flexível é, então, uma escolha que não reduz as alternativas futuras, quanto mais líquida a escolha, nessa perspectiva, maior também a flexibilidade".

De um lado, manter o capital na forma líquida pode representar uma resposta adequada quando o objetivo se resumir somente em captar informações sobre novas oportunidades que ocorrerão como resultado da mera passagem do tempo. Essas oportunidades, em outras palavras, não dependem do tomador de decisão: são exógenas ao processo decisório.

De outro lado, essa decisão pode desembocar no efeito oposto ao pretendido, isto é, na irreversibilidade. Como a capacidade de produção no período corrente é o resultado de decisões prévias, a decisão de não aumentá-la é tão irreversível quanto a de aumentar. A respeito desse efeito, Bruno (1989, p.353-4) afirma que "as empresas que decidirem permanecer 'flexíveis', através da postergação da decisão de aumentar a capacidade de produção, revelar-se-ão muito 'rígidas' perante um crescimento inesperado da demanda. É o resultado do fato de que todo crescimento da capacidade de produção requer um período de gestação".

A complementaridade intertemporal do processo decisório dá ênfase ao caráter endógeno da geração das oportunidades produtivas, conduzindo à mudança do significado da flexibilidade. Mais precisamente, a flexibilidade dinâmica manifesta-se na capacidade de gerar novas oportunidades. Verifiquem-se as palavras de Amendola & Bruno (1990, p.427): "os eventos ocorrerão e as novas opções tornar-se-ão disponíveis somente através da ação que as acabarão produzindo. Elas não são 'esperadas', mas são o resultado de um processo intencional de criação".

Não se trata, portanto, de assegurar posições que não diminuirão a capacidade de responder às oportunidades emergentes, mas de adotar posições (decisões) que farão emergir tais oportunidades. A flexibilidade, em outras palavras, adquire um caráter ativo (dinâmico): "aumentar as opções para o futuro".

Dessa perspectiva, a flexibilidade e as condições que a viabilizam só podem ser apreendidas a partir de uma concepção analítica do processo de produção como uma "estruturação no tempo" de (novas) opções produtivas (Amendola & Gaffard, 1988 e 1992), onde os elementos que asseguram a geração e a efetivação das oportunidades – recursos financeiros e humanos – aparecem dispostos no tempo.

O papel dos recursos financeiros é colocado em evidência a partir da consideração do perfil temporal que caracteriza cada processo particular de produção. Existe uma fase de construção da capacidade produtiva, durante a qual os fatores são preparados, seguindo-se a fase de utilização, onde os produtos e a receita serão obtidos. Esse perfil temporal denota a emergência de "custos de engajamento" ou "custos irrecuperáveis" (*sunk-costs*), constituídos pelas despesas que ocorreram durante o período de construção. Essas despesas não podem ser eliminadas, nem a curto, nem a longo prazo, mesmo como fim da produção.

A consideração dos "custos irrecuperáveis" introduz sérios obstáculos para a empresa envolvida em processos de mudança. De um lado, ao engajar-se em um processo de produção radicalmente diferente dos processos existentes, deverá ter condições de suportar os "custos de construção". De outro lado, pode ser impelida a abandonar prematuramente a utilização dos processos atuais, cujos custos de engajamento jamais serão recuperados, a menos que seja possível vender os ativos correspondentes a outras empresas.

Em ambas as situações, configura-se uma restrição financeira, que tende a acentuar-se em um contexto marcado pelo ritmo acelerado do progresso técnico, visto que o período de utilização das máquinas e equipamentos torna-se a coordenada essencial do processo de produção.

O papel dos recursos humanos é visualizado no processo de aprendizagem na produção, refletindo-se no enriquecimento de competências e habilidades, na geração de recursos específicos, que adquirem forma e expressão no interior da atividade produtiva.

Essa aprendizagem peculiar, concebida como "criação de recursos humanos específicos", não atrela os recursos humanos somente às opções produtivas definidas em um determinado momento do tempo, mas também, e principalmente, a uma capacidade abstrata de concepção e implementação de novas opções, de maneira geral. A ênfase recai na capacidade de enxergar e implementar outras opções produtivas, além das atualmente desenvolvidas. Essa capacidade imanente à natureza do processo de aprendizagem na produção foi apontada por Penrose (1959), a partir da existência de "recursos em excesso". A presença de "recursos em excesso" expressa a existência de flexibilidade: mais precisamente, a capacidade de criar novas e diferentes opções.

O desenvolvimento de recursos humanos específicos se constitui em restrição à atividade produtiva, uma vez que o conjunto de processos viáveis de produção depende crucialmente das competências disponíveis e, portanto, da maneira pela qual a aprendizagem conduziu a essa particular configuração de competências.

Em suma, a flexibilidade enquanto "possibilidade de aumentar as opções para o futuro" está associada eminentemente à ampliação da capacidade de aprendizagem conjugada à superação da restrição financeira para levar a cabo novos processos produtivos.

As diferentes versões associadas ao conceito de flexibilidade convergem para dois pontos básicos: aumento da capacidade de acomodação/adaptação e da capacidade de mudança. A flexibilidade adquire o caráter de posicionamento estratégico das empresas, assentado em duas grandes orientações: defensiva e ofensiva.

Na orientação defensiva, o objetivo é a exploração das oportunidades existentes ou opções que emergirão no futuro, apreendidas como um conjunto de possibilidades exógeno à empresa. A flexibilidade manifesta-se na capacidade de amortecer os efeitos das oscilações da demanda, ou através da redução dos comprometimentos irreversíveis, visando a preservar ao máximo o "valor de opção".

Trata-se, em outras palavras, da possibilidade de reagir rapidamente e ao menor custo às mudanças que estão ocorrendo na esfera externa à empresa.

Na orientação ofensiva, o objetivo é a geração de opções produtivas. A flexibilidade manifesta-se na identificação das condições que asseguram e viabilizam um processo intencional de criação de recursos, voltado para a introdução de novos produtos e para a redefinição das vantagens competitivas pretendidas. Enfim, consubstancia-se na visão da empresa com relação a mercados futuros e sua atitude com relação à inovação.

A flexibilidade e as estratégias de organização de empresas

Quando as decisões dos agentes econômicos são concebidas como um processo baseado na interação entre indivíduo e ambiente (sociedade, mercado etc.), a flexibilidade resulta de uma característica própria à variável de controle do tomador de decisão como, por exemplo, sua capacidade de administrar as informações provenientes do ambiente. Trata-se, portanto, de assegurar "posições flexíveis" que dependem unicamente de decisões estritamente individuais.

Da perspectiva de um processo decisório interindividual, sobressai-se a interação de dois ou mais agentes e a construção de arranjos coletivos com o objetivo de estruturar e coordenar o comportamento dos diferentes agentes envolvidos.

Esses "arranjos coletivos" são a expressão da institucionalização do comportamento econômico, no preciso sentido de que a compreensão das ações dos agentes deve ser vinculada ao contexto institucional em que estão inseridos. Nesse sentido, "requer-se que a análise econômica identifique os tipos de instituições vigentes e suas propriedades, sem o que fica prejudicada a explicação de condutas ou variáveis de desempenho escolhidas" (Pondé, 1993, p.11).

Sob essa ótica, as formas de organização de empresas constituem "microinstituições,[3] abrangendo um conjunto articulado e particular de padrões de interações e de comunicação no interior das empresas e entre estas, que adquirem estabilidade ao longo do tempo. Constituem, segundo Pondé, a dimensão local da insti-

---

3 No tratamento da dimensão institucional do processo econômico, Dosi (1988a) distingue entre macroinstituições e as microinstituições. As primeiras abrangem as organizações sem fins lucrativos e não voltadas para o mercado (governo, agências públicas, universidades etc.) e os aparatos regulatórios diversos e legislações que condicionam os fluxos de capital e de mercadorias.

tucionalização do processo econômico, envolvendo agentes e setores circunscritos.

Nesse contexto, a flexibilidade não resulta de uma característica qualitativa inerente à variável de controle, mas da natureza dos arranjos institucionais (organizacionais), conduzindo às seguintes possibilidades:

- a flexibilidade pode ser adquirida, a partir de arranjos contratuais, nos quais as decisões são compartilhadas ou se oferece ao contratado uma compensação equivalente;
- a flexibilidade deve ser incorporada às instituições, isto é, no sistema de regras e modelos de interação dos agentes, relativamente estáveis e explícitos.

A apreensão da flexibilidade a partir das instituições permite visualizar o seu caráter histórico, de forma que existe um ciclo imanente às formas de flexibilidade, como resultado da evolução interna das próprias instituições.

No âmbito das empresas, os componentes da organização burocrática apresentam a tendência natural a se autonomizarem da organização global e do ambiente, perdendo, dessa forma, as suas vantagens características e a capacidade de coordenação flexível dos subsistemas.

A explicação para esse fenômeno está na multiplicação das regras limitativas, muito além das regras estritamente necessárias (constitutivas) para a existência e funcionamento da organização. Esse processo é reforçado pela existência de "uma tendência de todo agrupamento humano a se autonomizar com relação ao mundo exterior, a partir da organização crescente em torno de considerações e de motivações internas" (Favereau, 1989a, p.162).

Impõe-se, então, a busca de novos padrões de coordenação, a partir da supressão de todas ou parte das regras precedentes e a reabertura às influências externas. Trata-se da evolução do sistema em direção a uma nova estrutura de gestão, onde nascem ligações orgânicas entre os agentes, permitindo ultrapassar a inércia inerente aos sistemas burocratizados.

Assim, a organização burocrática engendra problemas para os quais as formas de organização que apresentam características opostas (mais próximas às do mercado) podem apresentar solução e vice-versa.

Em síntese, as formas de organização de empresa evoluem e se transformam, constituindo-se em mecanismos privilegiados para obter flexibilidade. A sua reformulação pode ser concebida como um processo de geração de "inovações institucionais", assentado em adaptações e reorganizações, em arranjos institucionais já existentes ou ainda em rupturas, com a criação de novos, com o objetivo de gerar ganhos de eficiência no desempenho de atividades produtivas.

3 REESTRUTURAÇÃO E ESTRATÉGIAS DE REORGANIZAÇÃO NA CADEIA SOJA/ÓLEOS/CARNES

Neste capítulo, o campo de investigação é o segmento representado pelo entrelaçamento das cadeias soja/óleos/carnes, o qual apresenta duas importantes particularidades. Em primeiro lugar, a dificuldade de "definir as fronteiras entre o setor de carnes e os setores de cereais e oleaginosos, sobretudo este último" (Wilkinson, 1993b, p.15). Em segundo lugar, a substitutibilidade crescente entre os diferentes tipos de carne na alimentação humana e "seu caráter muitas vezes complementar sob o aspecto produtivo" (Green et al., 1991, p.9).

Cabe ressaltar, com relação à experiência brasileira, que, até o fim dos anos 70, esses setores se apresentavam, sob a ótica das estratégias dos grupos agroindustriais, como segmentos distintos, exceção feita aos de suínos e aves. Ademais, é importante lembrar que a implantação e consolidação das cadeias identificadas com a soja e com a carne de aves (frangos) ocorreu na década de 1970, ao passo que as atreladas à carne bovina e de suínos remontam a períodos anteriores.

Foi somente a partir do fim dos anos 70, com o início da reestruturação agroindustrial, que se estende até os anos 90, que o fenômeno do "entrelaçamento" das cadeias se manifestou com toda força. Tratava-se da inauguração de uma nova etapa, cuja marca é a ampliação das possibilidades estratégicas dos grupos agroindustriais, de uma forma ou de outra, atrelados à soja e às carnes, abrangendo um intenso processo de diversificação e de interpenetração de capitais, por meio de fusões e incorporações.

No presente capítulo, será feita a "contextualização histórica" da constituição e desenvolvimento do setor soja e dos distintos ramos que integram o setor de carnes. A seguir, serão introduzidas as mudanças de cenário, a partir do fim dos anos 70, que impeliram ao referido processo de reestruturação agroindustrial. Por fim identificadas as principais características desse processo, proceder-se à localização e análise das estratégias que marcam o comportamento dos agentes a partir dos anos 90.

A DINÂMICA NAS DÉCADAS DE 1960 E 1970 – REVIRAVOLTA NO SETOR CARNES E CONSTITUIÇÃO E CONSOLIDAÇÃO DO SETOR SOJA

De meados dos anos 60 até o início dos anos 70, o desenvolvimento da indústria de carnes assentou-se na modernização dos frigoríficos do segmento bovino. Nos anos 70, ocorreu uma reviravolta a partir da implantação e da extraordinária expansão do segmento especializado em carnes de aves, cujo principal desdobramento foi uma realocação de posições no núcleo de comando da indústria.

A cadeia soja/óleos, ao apresentar-se como vetor ideal para a articulação dos diferentes interesses agroindustriais, constituiu-se, na década de 1970, em uma das expressões máximas do modelo de desenvolvimento via complexo agroindustrial.

Modernização do abate e do processamento de carne bovina e a rigidez relativa na oferta do segmento agrícola

O período de 1968-1973 se caracterizou pela grande expansão modernizadora do segmento de carne bovina. A modernização ocorreu acentuadamente na fase de abate e beneficiamento, consubstanciada em modificações profundas na estrutura tecno-organizacional da produção. Foi um processo induzido pelo Estado, mediante políticas de estímulo à exportação e da imposição de rigorosos padrões sanitários para o conjunto do parque abatedor, o que provocou a interdição temporária ou definitiva das unidades incapazes de atendê-los.

Com o rompimento do salto exportador, em 1974, fruto particularmente da reversão da política de estímulos às exportações do setor, intensificou-se a concorrência no mercado interno, dando origem a um processo de associação e fusão entre os grandes capitais. No bojo desse movimento, operou-se uma reordenação entre as empresas líderes e a grande maioria das tradicionais empresas estrangeiras foram absorvidas por grupos privados nacionais.

No que toca à pecuária bovina, Pessanha (1988) revê análises anteriores que sustentavam a falta de modernização do setor, chamando a atenção para uma melhora considerável na tecnologia criatória, no que concerne à genética, à alimentação e à sanidade no manejo do gado.

No entanto, se efetivamente ocorreram transformações, "em seu conjunto não conseguiram alterar em profundidade o caráter extensivo e sazonal da oferta para os frigoríficos" (Muller, 1982b, p.47). Em essência, não se promoveu uma "revolução" no processo de reprodução e de nutrição do animal, de modo a proporcionar a modificação das condições estruturais da produção. Permaneceram, pois, a falta de articulação entre a indústria e o abastecimento da matéria-prima e sobressaiu-se a manutenção do grau de autonomia e o poder econômico da pecuária.

É importante assinalar que a natureza da intervenção estatal não contribuiu para o aprofundamento da modernização na bovinocultura, em razão de dois motivos: a ausência de uma política governamental clara destinada a alterar o modo de produzir e a "volubilidade" das políticas de intervenção nos preços e na comercialização internos.

Nesse contexto, a rigidez relativa da oferta, por parte do setor pecuário, acabou gerando situações de crise no abastecimento interno e deixando "um espaço aberto no mercado interno de carnes, logo preenchido pela expansão da produção de carnes de aves (galináceos)" (Muller, 1982b, p.24-5).

Desenvolvimento e consolidação de novos ramos e a realocação de posições no núcleo da indústria de carnes

Os frigoríficos de carne suína sediados nos Estados de Santa Catarina e Rio Grande do Sul, que, desde a sua origem nas décadas de 1940 e 1950, tinham como produto principal a gordura do animal, experimentaram na década de 1970 um processo de modernização assentado em programas de financiamento dos governos estaduais. A despeito dos problemas sanitários, Campos (1994) observa importantes alterações na estrutura da oferta, destacando-se, ao lado do aumento da importância de embutidos e curados, a ampliação e a modernização das instalações.

No âmbito da produção rural, foi implementado um programa de modernização seletiva, resultado de uma associação de interesses do Estado, da agroindústria e dos produtores "de ponta" e voltado para a difusão do porco "tipo carne", técnicas de manejo e uso intensivo de insumos de origem industrial. Nesse programa, segundo Mior (1992), além do crédito farto e barato, foi decisiva a atuação do Estado na pesquisa orientada para o "melhoramento genético" e na assistência técnica e extensão rural.

Ao lado desse movimento de modernização, os frigoríficos de suínos sediados em Santa Catarina implementaram "um importante processo de diversificação para carnes de aves que já se desenvolvia desde metade dos anos 60, e orientaram as empresas para estratégias de integração vertical, que acabaria por lhes proporcionar um amplo controle da produção agropecuária" (Campos, 1994, p.32). Na diversificação para carne de aves, esses grandes frigoríficos valeram-se de importantes vantagens competitivas consolidadas a partir da experiência com a produção e comercialização de derivados de suínos, atreladas a um bem estruturado sistema de distribuição e, em particular, ao peculiar relacionamento com pequenos e médios produtores rurais.

As bases da avicultura de corte foram assentadas no fim da década de 1960 e seu crescimento e estruturação nos moldes atuais ocorreram na década de 1970. A sua extraordinária expansão está associada à incorporação do "pacote tecnológico", que embute o controle, pela indústria, do ciclo produtivo da ave e o aumento da taxa de conversão de proteína vegetal em proteína animal. O elevado grau de controle do processo biológico propiciou incremento considerável na produtividade, possibilitando a redução de custos e a conseqüente queda absoluta e relativa do preço da carne de frango ante o preço da carne bovina e ante a renda da população.

A pesquisa e a produção tecnológica, particularmente as relacionadas ao controle do material genético, ao manejo e à organização da produção, ficaram a cargo, quase exclusivamente, do capital internacional. Nesse sentido, a ação do Estado caracterizou-se "por centrar-se na assistência técnica, ou seja, no acompanhamento da aplicação tecnológica e, num segundo plano, na adaptação da tecnologia já desenvolvida, atingindo apenas tangencialmente a pesquisa mais sofisticada" (Sorj et al., 1982, p.84).

O poder público teve papel ativo no processo de implantação e de consolidação da agroindústria de aves de corte, basicamente enquanto fornecedor de crédito subsidiado e de incentivos fiscais à produção agrícola, ao processamento industrial e à exportação.

O início da avicultura deu-se na Região Sudeste, com destaque para o Estado de São Paulo, "em função do abastecimento do mercado interno surgindo, sem vínculos mais fortes, empresas independentes que fabricam rações, que fazem o abate, que possuem matrizeiros e os granjeiros propriamente ditos que engordam as aves para o abate" (Amoroso Lima, 1984, p.62). Mas foi no Estado de Santa Catarina que se configurou um estilo especial de organização da produção, imprimindo uma nova dinâmica ao setor, impulsionado por grandes frigoríficos de carne suína e com intenso apoio governamental. A coordenação de todas as atividades atreladas à produção e à comercialização das aves passou a ser exercida por uma única empresa, envolvendo a criação das matrizes e a incubação dos ovos, produção de ração, abate e distribuição da carne. No caso específico da engorda do frango, essa função é exercida por pequenos e médios proprietários rurais, submetidos ao controle da indústria, mediante "contratos" formais ou não, em que os produtores agrícolas submetam-se tecnológica e organizacionalmente às recomendações do contratante.

Contribuiu decisivamente para a implementação desse sistema a estrutura agrária do Estado de Santa Catarina, constituída por pequenos produtores, que tinham disponibilidade e condições sociais em que não se apresentavam muitas outras opções de atividade econômica. Ademais, embora o sistema de criação de suínos (anterior ao de aves) não contemplasse o "sistema integrado", havia desenvolvido nos produtores uma "tradição" de trabalho com a indústria, o que facilitou a adesão destes ao novo sistema de criação de aves.

Assim, na avicultura, conformaram-se dois sistemas distintos de organização da produção rural: o sistema integrado de Santa Catarina e o sistema "independente", típico da Região Sudeste. Este último caracteriza-se pela "presença de uma estrutura produtiva baseada em produtores de escalas maiores, que, na sua maioria, trabalham com mão-de-obra assalariada, e têm autonomia em relação à indústria. Esta autonomia relativa está no controle dos pintainhos, insumos (rações e medicamentos) e, com isso, traz a possibilidade de venda para abate do lote de frango no mercado regional" (Mior, 1992, p.153).

Verificou-se, ao longo da década de 1970, o crescimento substancial da produção de carne de aves em Santa Catarina, passando de 4,9%, em 1972, para 22,9% do total da produção do país, em 1978. São Paulo, que detinha 50,3%, em 1972, passou a 38,1%. Ao mesmo tempo os Estados do Rio Grande do Sul e do Paraná incrementaram de modo considerável a sua participação na produção nacional.

Em decorrência desse conjunto de transformações, o segmento especializado em carnes de aves adquiriu proeminência, a princípio diante do crescimento do mercado interno e, a partir de 1975, também do mercado externo. Segundo Amoroso Lima,

> enquanto que a produção de carne bovina *per capita* no período 1970-1979 permanece aproximadamente constante (22,2 kg/hab./ano em 1970 e 23,3 kg/hab./ano em 79), a produção de carne de aves *per capita* mais que triplica (passa de 2,3 kg/hab./ano para 8,4 hab./ano). Já a produção de carne suína per capita, que é da ordem de grandeza da produção de aves *per capita* ao final da década, permanece praticamente estagnada de 1970 a 1979 (de 7,6 kg/hab./ano para 7,5 kg/hab./ano). (1984, p.75).

Concomitantemente, configurou-se uma realocação de posições no interior do núcleo de comando da indústria, traduzindo-se na ameaça à liderança dos frigoríficos bovinos, até então estável, por parte das empresas do segmento de suínos e aves. As informações coletadas por Muller (1982b), com relação à evolução das empresas que integravam o núcleo do setor, entre 1970 e 1978, permitem, de um lado, verificar que "as empresas transnacionais foram, ao menos acionariamente, desalojadas do setor industrial do complexo" (p.38) e, de outro, evidenciam que o grupo Sadia – empresa tradicionalmente ligada à carne suína e, a partir dos anos 70, à carne de aves – detinha, em 1977, um patrimônio líquido equivalente a aproximadamente 60% do conjunto do núcleo, despontando como a empresa líder do setor.

Nesse sentido, as poderosas vantagens competitivas construídas pelas grandes empresas do segmento de suínos e aves ao longo dos anos 70 desembocaram em um potencial de acumulação e de controle sobre o capital, cujos desdobramentos já se esboçavam no final desse período e emergiam com toda força na década de 1980.

A constituição e a consolidação da cadeia soja/óleo

A consolidação do "complexo soja" se processou na década de 1970 e esteve condicionada por dois grandes fatores: a) a presença de uma conjuntura internacional extremamente favorável e b) a intervenção marcante do Estado em todas as fases da cadeia produtiva da soja.

O desenvolvimento e a consolidação do complexo soja no Brasil é inexplicável ao abstrair-se o Estado, seja como financiador e articulador de diferentes interesses, seja mediante sua participação direta. O Estado esteve no centro: a) do desenvolvimento da produção agrícola e de sua articulação com a indústria a montante da agricultura; b) da modernização e organização da estrutura de comercialização da soja; c) da constituição e do desenvolvimento da agroindústria processadora.

Os principais mecanismos de intervenção utilizados foram: a política de crédito rural, em todas as modalidades – custeio, comercialização e investimento –; os investimentos diretos, seja na infra-estrutura de transporte e armazenagem, seja na produção de fertilizantes; subsídios fiscais e creditícios voltados especialmente para o incentivo à implantação da agroindústria processadora. Agregue-se, ainda, que o Estado atuou como "regulador" da comercialização de grãos, procedendo à arbitragem entre mercado interno e mercado externo, além da administração dos conflitos entre os diferentes agentes econômicos – cooperativas agrícolas, indústria processadora e exportadores de grãos.

A produção de soja iniciou-se e teve grande desenvolvimento, no período, nos estados da Região Sul (Rio Grande do Sul, Paraná e Santa Catarina). A partir do fim da década de 1970, ocorreu a expansão do cultivo na região central do país (Mato Grosso, Goiás, oeste de Minas Gerais e sul da Bahia).

No que toca à indústria de trituração, a expansão da capacidade de esmagamento concentrou-se, no período, nos estados das regiões Sul e Sudeste, passando de aproximadamente 10,4 milhões/t/ano, em 1976, para 20,9 milhões/t/ano, em 1979.

No fim dos anos 70, com a reversão das condições do mercado internacional da soja e diante da crise fiscal do Estado, a estratégia de desenvolvimento da agroindústria já dava claros sinais de esgotamento, iniciando-se, então, um período de crise.

AS MUDANÇAS DE CENÁRIO A PARTIR DO FIM DOS ANOS 70

O fim dos anos 70 marca o início de profundas alterações no plano nacional e no plano mundial, as quais deram origem a um processo de ajuste estrutural, em cujo centro está o entrelaçamento dos capitais de cadeias agroindustriais anteriormente distintas.

Novos contornos no plano nacional – alterações macroeconômicas e realocação espacial da produção

A política de ajuste macroeconômico, no início da década de 1980, resultado da agudização do endividamento externo, foi marcadamente contracionista, assentada na contenção salarial, no controle dos gastos públicos e no aumento da taxa de juros. Nesse contexto, houve contração da demanda interna de carnes, afetando negativamente os ramos mais ligados ao mercado interno, quais sejam os frigoríficos de suínos e, em menor escala, de bovinos. "O setor avícola, mesmo tendo sido afetado ... teve como válvula de escape o mercado externo. Nos primeiros anos da década atingiu o pico do volume de exportações" (Mior, 1992, p.66).

Com a implantação do Plano Cruzado, em 1986, houve aquecimento da demanda interna, retomando-se os níveis de utilização das plantas industriais. No entanto, as políticas de intervenção do Estado no comércio exterior foram desfavoráveis. De um lado, a sobrevalorização do câmbio reduziu sensivelmente a competitividade das empresas do complexo soja, no momento em que a concorrência internacional se acirrava. De outro, a proibição das exportações de todos os tipos de carnes acabou prejudicando os frigoríficos avícolas, que interromperam bruscamente a relação com os tradicionais importadores do Oriente Médio.

Conforme foi discutido anteriormente, a crise fiscal, componente central do desequilíbrio macroeconômico crônico que caracterizou os anos 80, provocou o arrefecimento da atuação do Estado, de modo particular no que toca à redução substancial da disponibilidade de recursos oficiais subsidiados para o financiamento da produção agrícola. Por isso, a crise colocou sérios obstáculos ao desenvolvimento do setor carnes e, em especial, do setor soja.

A complexidade do quadro aumentou a partir da expansão da produção de grãos, em particular da soja, em direção à Região Centro-Oeste, demarcando uma nova configuração geográfica da matéria-prima, impelindo, inicialmente, ao redirecionamento da estrutura de recebimento e de processamento da oleaginosa e, posteriormente, da produção e processamento de carnes.

Finalmente, as empresas atreladas à soja e seus derivados enfrentaram o desafio representado pelo superdimensionamento do parque esmagador. O parque industrial da soja já nasceu com grande capacidade ociosa. Com o arrefecimento da atuação do Estado na concessão de crédito à cultura, acoplado à conjuntura internacional extremamente desfavorável, acentuaram-se sobremaneira os índices de ociosidade.

Novos contornos no plano mundial – dinâmica do comércio internacional, novas tecnologias e mudanças nos padrões de consumo

No plano mundial, as principais variáveis que deram novos contornos ao cenário dos segmentos soja/óleos/carnes, a partir dos anos 80, foram: a dinâmica do comércio internacional; o potencial reestruturante das novas tecnologias, em especial as novas biotecnologias, a informática e a microeletrônica; as mudanças nos padrões de consumo. Quanto ao comércio internacional, este é particularmente relevante para as empresas com atuação em soja e seus derivados.

A década de 1980 foi marcada por fortes turbulências nos mercados internacionais da soja e seus derivados, cujas principais manifestações foram: instabilidade de preços; acirramento da concorrência entre os países que compõem o mercado; emergência de matérias-primas substitutas diretas e novas possibilidades de substituição abertas pelas novas biotecnologias.

Se a soja continuou como matéria-prima de base do complexo de óleos vegetais, a colza, o girassol e a palma avançaram consideravelmente no tocante à produção e ao comércio internacional. As previsões para o ano 2000, segundo Bertrand (1990), eram de que soja, palma, colza e girassol deveriam participar em proporções quase iguais no consumo de gorduras de origem vegetal.

As novas biotecnologias, por meio do desenvolvimento do processo de craqueamento, ampliaram as possibilidades de substituição entre as matérias-primas agrícolas. A ênfase deslocou-se para os elementos simples (ácidos graxos, ácidos aminados etc.), extraídos dos produtos agrícolas, para posterior recombinação em alimentos ou produtos de uso industrial. Em outras palavras, ampliaram-se extraordinariamente as possibilidades de substituição entre matérias-primas situadas em cadeias distintas, em especial: oleaginosas, leguminosas, cereais, açúcar, leite e carnes.

Por outro lado, os agentes vinculados fortemente a estes produtos responderam por meio da utilização das novas biotecnologias, na busca de ampliação do escopo dos usos da sua matéria-prima de base. No caso da soja, segundo Castro (1993a), vislumbram-se novas aplicações associadas à produção de tintas, biodiesel e de óleos com alto conteúdo de ácido erúcico (utilizado na produção de filmes, fibras, lubrificantes e combustíveis).

Os Estados, principais atores do mercado internacional, ao lado dos grupos multinacionais, buscaram redefinir as regras do jogo, consubstanciadas nas políticas agrícolas, de comércio exterior e da reformulação de acordos multilaterais, regionais e bilaterais.

Nos EUA – país estruturalmente exportador e de maior peso no comércio internacional, ao lado do Brasil – a profunda crise atravessada pelo complexo soja, desde o início dos anos 80, levou à alteração nas políticas de sustentação de preços e de incentivos à exportação, resultando no acirramento da concorrência nos mercados internacionais.

A CEE – tradicional importador de oleaginosas –, desde o início da década de 1980, aumentou de maneira substancial sua taxa de auto-abastecimento.

A partir de 1990, a discussão da Rodada Uruguai do GATT e as dificuldades orçamentárias apontavam para uma modificação em profundidade das políticas de subsídio ao setor agrícola, tanto nos EUA quanto na CEE. No entanto, é importante lembrar, em primeiro lugar, que, apesar da orientação liberalizante, "os produtores de oleaginosas nos EUA, bem como sua indústria, permanecerão dotados de um conjunto de programas de financiamento eficazes..." (Castro, 1993a, p.51). Em segundo lugar, embora a reforma da Política Agrícola Comum da CEE apontasse para a redução da produção de oleaginosas, convém acrescentar que, "na sua totalidade, a indústria de processamento de grãos continua a ser protegida contra as importações de óleos e gorduras, à razão de um imposto de 10% sobre os óleos brutos e de 15% sobre as outras matérias-primas gordurosas ..." (Bertrand, 1990, p.29).

Por seu turno, a organização recente do Mercosul apontava para o estímulo da competição em preços entre Brasil e Argentina. A Argentina despontou recentemente como produtora e exportadora de soja, ampliando consideravelmente sua participação no mercado internacional. Sua competitividade parece estar atrelada às vantagens naturais – a fertilidade do Pampa – que permitem rendimentos não negligenciáveis a custos mais baixos. Ademais, "na comercialização dos produtos a indústria brasileira encontra-se em situação de flagrante desigualdade, já que a Argentina eliminou praticamente todos os tributos que pesavam sobre as exportações do complexo soja" (Castro, 1993a, p.93).

No tocante às empresas com atuação em carnes e seus derivados, ocorreram profundas alterações nos padrões de consumo, em cuja base estão a saturação dos níveis de consumo protéico e as preocupações crescentes com saúde e estética. Ademais, um conjunto de mudanças sociais – aumento do trabalho feminino; redução do número de filhos, aumento de famílias monoparientais, o prolongamento das expectativas de vida – conformou novas tendências associadas "ao aumento do consumo fora do lar; preferência por produtos prontos ou semiprontos no contexto do consumo doméstico; e segmentação das preferências (crianças, jovens, idosos, atletas, dieta etc.)" (Wilkinson, 1993b, p.18).

Em outras palavras, os mercados outrora caracterizados pela oferta de produtos homogêneos transformaram-se em mercados segmentados, diferenciados e altamente exigentes em qualidade, com ênfase especial na segurança alimentar.

Essas mudanças, que afetaram inicialmente a estrutura do consumo dos países desenvolvidos, estão sendo difundidas pelos países menos desenvolvidos, tornando-se, por conseguinte, um fenômeno mundial. Nesse sentido, embora o padrão de consumo interno de carnes no Brasil ainda esteja longe de atingir a saciedade, a parcela de média e alta renda incorporou grande parte dessas tendências.

É importante ressaltar que os produtos resultantes desse novo padrão "participam pouco no comércio internacional, tanto pela necessidade de maior proximidade entre a oferta e a demanda, quanto pelas dificuldades logísticas de controle da qualidade até o cliente final ... O comércio internacional, portanto, fica relegado aos elos de menor valor agregado no contexto de uma crescente auto-suficiência nos países industrializados" (Wilkinson, 1993b, p.18).

O comércio global entre países não se mostrou expressivo, representando, em 1992, apenas 7,6% da produção mundial de carnes, o que demonstra a importância dos mercados domésticos na sua dinâmica. No entanto, o comércio internacional apresentou mudanças significativas. Em primeiro lugar, houve a emergência de importantes mercados representados por um processo de crescimento sustentado do consumo de carnes no Japão e nos Tigres Asiáticos. Em segundo lugar, uma demanda importante, porém incerta, passou a ser representada por parte da CEI e Leste europeu. Em terceiro lugar, acirrou-se a disputa pelo mercado de aves do Oriente Médio.

O Japão e os Tigres Asiáticos vivenciavam um processo de transição alimentar que favorecia o consumo de carnes. A exploração do enorme potencial desses mercados exigia, especialmente, a superação de importante barreira não-tarifária representada por fortes restrições e controles sanitários. No caso da carne bovina, excluíam-se fornecedores onde existissem focos de aftosa ou onde os programas de vacinação fossem ineficientes. Além disso, "uma parte importante deste comércio corresponde a acordos bilaterais, especialmente entre Estados Unidos e Japão, realizados para amenizar o superávit comercial deste último" (Wilkinson, 1993b, p.20).

O Japão e o Extremo Oriente transformaram-se no maior mercado para aves, sendo responsáveis por quase a metade do comércio global, constituindo-se em alvo preferencial dos EUA e da França, os dois principais concorrentes do Brasil no mercado mundial. Por outro lado, "a Tailândia se transformou num grande exportador de aves e abastece mais de um terço do mercado japonês, sendo agora seu principal parceiro" (Wilkinson, 1993b, p.18).

O Oriente Médio permaneceu um eixo relevante no comércio de aves e objeto de acirrada disputa entre os principais exportadores. Ademais, passou a aumentar sua taxa de auto-suficiência.

A CEI era uma incógnita no mercado mundial de aves, visto que, tradicionalmente, tinha alta taxa de auto-suficiência. Sua posição, enquanto importador de peso, foi resultado da desarticulação política e econômica.

Os fluxos comerciais de carne suína "são menos definidos e pouco significativos, embora exista um importante comércio dentro dos países asiáticos" (Wilkinson, 1993b, p.2). Os grandes produtores da área do Atlântico – EUA e CEE –, embora autosuficientes, também eram importadores de carcaças e estavam dirigindo sua atenção para o Japão.

O Brasil ficou alijado do mercado internacional de carne suína, de 1978 a 1987, por causa da suspeita de peste suína. No início dos anos 90, o reconhecimento pelo Ministério da Agricultura da primeira área livre de peste suína do país, formada pelos Estados do Rio Grande do Sul, Paraná e Santa Catarina, abriu enormes possibilidades de retomada das exportações. Segundo Mior (1992, p.56-7), "de um lado, temos o mercado europeu, cujas exigências sanitárias estão sendo atendidas pelos exportadores brasileiros. De outro temos a abertura do Mercosul, cujas fronteiras deverão ser abertas a partir de 1995".

As novas tecnologias – biotecnologia, informática e microeletrônica – abriram enormes possibilidades de transformação na cadeia produtiva de carnes. A informática causou impacto nos fluxos de informação entre os agentes integrantes da cadeia soja/óleos/carnes. Em primeiro lugar, redefiniu as relações entre os segmentos industrial e distribuidor, ao possibilitar a organização dos pedidos dos grandes supermercados aos fornecedores diretamente por computador. Em segundo lugar, permitiu um maior controle do processo da produção agrícola por parte das agroindústrias.

Para Mior (1992), a informática também encontrou crescente aplicação na avicultura, por meio de dispositivos eletrônicos que controlam automaticamente a temperatura e a umidade do aviário, assim como o fornecimento de alimentação e água, redefinindo sobremaneira as economias de escala na atividade.

As novas biotecnologias ofereceram possibilidades para um avanço na produção de bovinos e de suínos, mediante a transferência de embriões, hormônios de crescimento e desenvolvimentos na área de nutrição.

Na esfera do primeiro processamento industrial (fase agroindustrial), "a tecnologia que mais está impactando o setor é a possibilidade de ampliar o número de etapas automatizáveis. Desse modo, alguns ramos se beneficiariam desta, pelo padrão mais homogêneo da matéria-prima, que possibilita a automatização" (Mior, 1992, p.81). Este foi o caso do abate de aves, cujos avanços na genética possibilitaram a produção de uma matéria-prima padronizada, adequada, portanto, à automatização do abate, da limpeza e da evisceração.

Ainda na etapa do primeiro processamento, a informática e a microeletrônica possibilitaram, de um lado, o controle de todo o ciclo de produção e a identificação da origem da matéria-prima (códigos de barra internos que identificam a origem e tipo de cada corte de carne) e, de outro, sistemas flexíveis que orientam a produção na direção de uma demanda diversificada e sob a forma de encomenda.

No segundo processamento (indústria alimentar e de produtos finais), os avanços da automação permitiram "a desossa da carne automática, e posterior reconstituição de produtos, a partir de cortes específicos de carne dos animais. Exemplo disso são os produtos derivados de carne suína, com a carne presente em muitos deles, após sofrer o processo de desossa automática e manual com separação dos cortes para posterior reconstituição de produtos específicos – hamburguers, apresuntados, mortadela, presunto, salame, lingüiça, salsicha e outros" (Mior, 1992, p.83).

PRINCIPAIS CARACTERÍSTICAS DO PROCESSO DE REESTRUTURAÇÃO AGROINDUSTRIAL E ANÁLISE DAS ESTRATÉGIAS DE REORGANIZAÇÃO DAS EMPRESAS

As profundas alterações de cenário, a partir do fim dos anos 70, impeliram à efetivação de um processo de reestruturação no setor agroindustrial brasileiro. Dentre as suas principais características, Mior (1993) ressalta:

- um processo de "diversificação horizontal" pelas grandes empresas de capital nacional (Sadia e Perdigão), originalmente atuantes nos ramos de suínos e aves e que passaram a ganhar espaço no ramo de bovinos;

- um processo de "integração vertical", consubstanciado na ocupação de indústrias de carnes por empresas ligadas ao setor de comércio e industrialização de soja. O caso típico é o da Ceval, grande grupo de capital nacional;
- transformação desses grandes grupos – Sadia, Ceval e Perdigão –, fortemente integrados e diversificados, em indústrias alimentares de produtos finais, por meio da ampliação dos espaços na cadeia de produção-industrialização de alimentos, tanto no âmbito do processamento de matéria-prima vegetal (óleos, cremes e margarinas), como no de proteína animal (produtos elaborados como salame, salsicha, apresuntados etc.).

Adiciona-se, ademais, um vigoroso processo de concentração/centralização de capitais no setor de carnes e, em particular, no interior da indústria de processamento de soja. Mafei (1993), utilizando levantamento da Aviove, concluiu que 60% da produção de soja passou a ser controlada por quatro empresas: Ceval, Cargill, Sadia e Perdigão. Do total de 144 unidades instaladas, 43 foram desativadas e as que permaneceram em funcionamento ainda estavam com 40% de ociosidade. Foram desativadas plantas no estado do Rio Grande do Sul e parte delas migrou para a Região Centro-Oeste, no encalço da soja.

No que tange ao segmento de abate e industrialização da carne bovina, a venda da Anglo para seus executivos, em 1993, marcou o fim da presença de investidores estrangeiros no ramo de frigoríficos.

Os principais resultados desse "ajuste estrutural" foram: a) o "entrelaçamento" dos setores carnes e soja, consubstanciado na interpenetração de capitais comandado por três empresas nacionais, Sadia, Ceval, Perdigão; b) a consolidação dessas empresas como líderes, com o correspondente deslocamento das posições de outros grandes grupos nacionais, no interior do segmento de carne bovina, e, particularmente, de grandes grupos multinacionais no interior do segmento processador de soja.

A partir daí, em função do campo de atuação preferencial das principais empresas integrantes do "núcleo" do setor, foi possível identificar quatro subsegmentos.

O primeiro subsegmento é composto pelas líderes (Sadia, Ceval e Perdigão), que atuam de forma ampla com soja, óleos e carnes (aves, suínos e bovinos). O segundo subsegmento é composto por empresas médias – Chapecó, Coopercentral, Agroeliane, Frangosul, Minuano, Avipal, Batavo e Holambra –, cujo campo de atuação preferencial são as carnes de aves e de suínos. O terceiro subsegmento tem por base as empresas que permanecem atreladas à cadeia soja/óleos, envolvendo grandes empresas multinacionais (Sanbra e Cargill), grandes empresas nacionais (J.B. Duarte, Olvebra, ABC-Inco, Olvego, Maeda, Quintella) e grandes cooperativas (Cotrijuí e Cocamar). Finalmente, o subsegmento cujo campo de atuação preferencial é a carne bovina, sobressaindo-se, de um lado, os grandes frigoríficos (Bordon, Anglo e Kaiowa) e, de outro, as casas especializadas em "cortes especiais".

Tendo em conta a complexidade que passou a caracterizar o segmento, procede-se, a seguir, à identificação e à análise das principais orientações estratégicas e das transformações operadas nas formas de organização intra e inter-empresas, a partir da década de 1990, considerando as especificidades dos distintos subsegmentos.[1]

Revisão da estrutura das atividades e dos modos de gestão interna

A existência de íntima relação entre a revisão da estrutura das atividades e dos modos de gestão interna conduziu à análise conjunta dessas ações, a fim de explicitar convenientemente o seu significado no processo de reorganização das empresas do segmento soja/óleos/carnes.

A revisão da estrutura das atividades, conforme ressaltado no capítulo anterior, adquire conotação particular quando inserida em determinados contextos estratégicos. Nesse sentido, as políticas que

---

[1] A identificação das estratégias de reorganização das empresas está assentada na coleta de um conjunto de informações nos jornais *Gazeta Mercantil* e *Folha de S. Paulo* e na revista *Exame*, abrangendo o período correspondente a janeiro de 1990 a junho de 1994. Adicionalmente, foram utilizados outros estudos que serão convenientemente indicados no decorrer do texto.

caracterizaram essa face do processo de reorganização foram enfocadas a partir das diferentes orientações que passaram a determinar o comportamento estratégico das empresas, e que emergiram em face dos impactos das mudanças no ambiente concorrencial, no interior dos subsegmentos que são objeto desta investigação.

"Polarização"

A "polarização" em torno das "competências estratégicas" se constituiu na orientação básica das empresas com atuação no segmento soja/óleos/carnes e daquelas cujo campo de atuação são as carnes de aves e de suínos.

Após o intenso processo de crescimento na década de 1980, cujos eixos foram a diversificação horizontal (atuação em todos os ramos de carnes: suínos, aves e bovinos) e a integração vertical – para trás, na soja e nas rações, e para frente, na indústria alimentar de produtos finais (subprodutos da soja e das carnes) –, os três grupos líderes[2] – Sadia, Perdigão e Ceval, na década de 1990, orientaram suas ações visando a:

- proceder às necessárias correções de rumo, em face do crescimento extremamente concentrado no tempo que gerou, em contrapartida, a elevação considerável do endividamento e das despesas financeiras;
- concentrar recursos na modernização e ampliação das unidades produtivas e no lançamento de novos produtos derivados da soja (margarinas e cremes vegetais e das carnes – cortes especiais e produtos pré-preparados), voltados para atender às crescentes tendências de sofisticação/segmentação do consumo;
- incrementar a integração do processamento da soja com a produção de frangos e suínos, enfrentando, assim, o achatamento das margens de lucro do óleo de soja;
- diversificar em direção a ramos que possibilitem o aproveitamento das sinergias derivadas de um vasto e bem articulado sis-

---

2 Uma análise detalhada das estratégias de crescimento, nos anos 1980, desses três grupos encontra-se no cap. 2 de Mior (1992).

tema de distribuição, assim como da experiência na industrialização de carnes e de oleaginosas.

Merecem realce algumas particularidades dos grupos Ceval e Perdigão.

Na estratégia da Ceval, a estruturação e o fortalecimento de uma rede de comercialização (equipe de vendas, armazéns, postos de vendas e sistema de transporte), voltada à colocação dos produtos junto ao grande e ao pequeno varejo, constituiu uma das metas fundamentais. Foi um componente essencial inserido na "virada estratégica", iniciada no começo dos anos 80, com o deslocamento da sua orientação do comércio internacional da soja para o mercado interno, passando a integrar abate e comercialização de aves e suínos, no atacado, e aprofundada, a partir de 1986, quando procurou se consolidar como uma indústria alimentar, por meio de uma agressiva política de comercialização de subprodutos da soja e de embutidos de carnes de aves e suínos.

No grupo Perdigão, a presença de um passivo oneroso, ao dar origem a uma séria crise, colocou o "saneamento financeiro" como coluna mestra norteadora da sua estratégia. Esse conjunto de orientações impôs um perfil ao processo de reorganização das atividades desenvolvidas internamente. De um lado, uma política de retirada e/ou de redução da gama de atividades, assentada:

- a venda de ativos que não guardassem relação com as atividades do grupo, em particular "ativos não-operacionais" (fazendas de reflorestamento, casas, terrenos e outros ativos não produtivos);
- na redefinição da linha de produtos, mediante a identificação e concentração dos esforços naqueles itens que proporcionassem maior retorno e faturamento;
- na terceirização de serviços essenciais (como transporte de frangos e manutenção dos frigoríficos), de serviços administrativos (limpeza, vigilância, refeitório e processamento de dados) e de serviços associados à comercialização (propaganda).

No que toca à terceirização, o grupo Ceval foi mais longe incluindo fases importantes do processo de produção de aves e suínos (incubatório de aves e granjas de reprodutores suínos).

Observou-se, ainda, a desativação de unidades de abate de bovinos, por parte do grupo Sadia, induzida pela concorrência "desleal" do abate clandestino, praticado por frigoríficos menores.

Pressionada pela crise financeira, a Perdigão concretizou a venda de duas das três unidades de esmagamento de soja, acabando por promover uma reconcentração do grupo nas atividades ligadas à produção e industrialização de carnes, nas quais parece residir a sua vocação.

De outro lado, os grupos Ceval e Sadia ampliaram o seu portfólio, por meio da diversificação para linhas de negócio relacionadas às suas atividades atuais. A Ceval adquiriu empresas com atuação em milho e seus derivados. Por sua vez, a Sadia aprofundou sua atuação na linha de massas.

Na esfera da gestão interna, a ênfase recaiu na "revisão da estrutura administrativa". Conjugaram-se medidas destinadas à descentralização e à centralização das decisões, com o objetivo não só de reduzir os custos fixos, mas também de obter maior agilidade no processo decisório.

No plano da descentralização, sobressaiu-se o "achatamento da hierarquia", com a redução considerável do número de níveis hierárquicos. No caso da Perdigão, observou-se a criação de "unidades de negócio", dotadas de autonomia para comprar, vender e executar suas operações financeiras.

No plano da "consolidação administrativa", as alterações estiveram associadas, de um lado, ao reagrupamento de unidades de negócio, que atuavam de maneira estanque, com pouca comunicação e com responsabilidades difusas e, de outro, ao acúmulo e enriquecimento de funções situadas na cúpula. A preocupação foi com o aumento do grau de coordenação das ações e com a eliminação de procedimentos burocráticos.

Ainda nessa esfera, verificou-se, no caso do grupo Sadia, a centralização de unidades de negócio, anteriormente distribuídas em distintas razões sociais. O objetivo foi evitar a bitributação, isto é, o que antes era uma operação de venda entre firmas distintas passou a ser transferência.

A preocupação crescente com a qualidade, por seu turno, impeliu à busca do maior envolvimento do denominado "chão de fábrica" e ao desenvolvimento de programas de treinamento e qualificação da mão-de-obra, objetivando, assim, o aprimoramento do controle estatístico da produção, assim como a identificação e a solução de problemas.

No âmbito das empresas mais identificadas com carnes (aves e suínos), a orientação estratégica fundamental foi a concentração dos recursos:

- na ampliação e modernização das unidades industriais, com ênfase na automatização e informatização dos abatedouros de aves e suínos;
- no lançamento de novos produtos no mercado interno.

No que tange a novos produtos, merece menção especial a estratégia do grupo Agroeliane, assentada no fortalecimento de sua posição em "nichos" específicos do mercado de suínos, especializando-se em linhas especiais de "cortes de suínos".

Tratando-se da modernização tecnológica das plantas industriais, a Coopercentral construiu um frigorífico de suínos que traz mudanças conceituais em relação aos demais existentes no país. A principal é a semelhança com os modernos frigoríficos avícolas, totalmente horizontais, com linhas de produção que se adaptam, rapidamente, a alterações na demanda, bastando acelerar ou retardar o processo.

Duas das empresas analisadas nesse subsegmento – Chapecó e Batavo – tiveram o "saneamento financeiro" como elemento norteador adicional.

Na revisão da estrutura das atividades internas, salientaram-se a venda de ativos "não operacionais" (imóveis), a reformulação da linha de produtos, com a concentração dos esforços naqueles itens que propiciam maior receita, e a terceirização de serviços (transporte, reflorestamento e obras civis).

No caso da Chapecó, o equacionamento da situação financeira obrigou ao "encolhimento" em sua atividade principal, com a venda, para o grupo Sadia, de um dos seus cinco frigoríficos, responsável por 35% dos frangos abatidos.

Agregue-se, ainda, a diversificação para a carne suína, por parte das empresas gaúchas Frangosul e Minuano, por meio da aquisição de pequenos frigoríficos regionais.

Na esfera dos modos de gestão interna ocorreram alterações significativas, abrangendo revisão da estrutura administrativa, reorganização da produção e dos processos de trabalho e novas condições e relações de trabalho. As preocupações com a qualidade, com a agilização do fluxo de informações e com a redução de custos estiveram no centro das medidas implementadas.

A reformulação da estrutura administrativa esteve assentada, na maioria das empresas do subsegmento, em ações voltadas para o "achatamento da hierarquia" e na criação de "unidades de negócio". No caso da Chapecó, a ênfase recaiu, de modo particular, na "consolidação administrativa", com o objetivo de racionalizar as operações administrativas, industriais e comerciais, além de proporcionar redução dos custos de natureza fiscal.

No plano da reorganização da produção e dos processos de trabalho, ressaltam-se: a introdução dos princípios da administração participativa, dos círculos de controle de qualidade e da organização dos trabalhadores em grupo.

"Reconversão"

Na estratégia das grandes empresas multinacionais e nacionais com atuação predominante no processamento e comercialização do óleo e do farelo de soja, sobressaiu-se como orientação básica a "reconversão" para novas atividades.

Ante o achatamento das margens de lucro na comercialização da soja (grão e farelo) no mercado internacional e do óleo no mercado interno, os grandes grupos internacionais – Sanbra e Cargill –, detentores de participação significativa no mercado de óleo de soja enlatado, deixaram gradualmente esse mercado.

A Sanbra, subsidiária do grupo Bunge Born, concentrou seus recursos na produção de produtos mais sofisticados (margarina e cremes vegetais), incorporando as tendências de consumo de produtos com menor teor de gordura. Como assinala Castro (1993b, p.111), "a empresa, que atua mais na ponta dos óleos vegetais, possui um diagnóstico de incerteza quanto ao futuro do mercado de óleo de soja ... A empresa vem investindo bastante em pesquisa e desenvolvimento de novos produtos e vem seguindo muito de perto as tendências tecnológicas internacionais, tanto em biotecnologia quanto em novas aplicações industriais".

Já a Cargill voltou sua atenção para as gorduras hidrogenadas – produtos intermediários entre o óleo e a margarina – utilizados na fabricação de alimentos mais sofisticados e de qualidade superior, em particular biscoitos, massas, pães e chocolates.

As grandes empresas de capital nacional atreladas ao processamento da soja, como a J. B. Duarte, a Olvebra e a ABC-Inco, redefiniram seu negócio. A redução da atuação na área de óleo e farelo doméstico processou-se concomitantemente à incorporação de novas bases técnicas e comerciais.

A J. B. Duarte priorizou os produtos de maior valor agregado, ampliando sua atuação em gorduras, cremes vegetais, óleos essenciais de milho e girassol e compostos. Nesse sentido foi sintomática a venda da sua refinaria de óleo de soja em Osasco (SP) e do armazém graneleiro em Ribeirão Preto (SP). Além disso, ampliou a sua base técnica, incrementando a fabricação de produtos químicos, que passaram a incluir a área de limpeza (sabão em pedra e em pó) e desinfetante de uso veterinário. Agregue-se o aproveitamento da sua infra-estrutura de importação para outras *commodities*, como o trigo, o centeio e a cevada.

A Olvebra, detentora de uma estrutura invejável de recebimento e beneficiamento de soja no estado do Rio Grande do Sul, passou por uma séria crise financeira. Além de uma pesada dívida, equivalente à totalidade de seu patrimônio, enfrentou uma ociosidade de cerca de 60% em suas unidades de processamento de soja. Sua meta, além de equacionar a crise financeira, foi evitar a dispersão dos negócios. A desmobilização de ativos foi um imperativo. Colocou à venda a Olveplast, subsidiária do grupo com sede em São Paulo, especializada na produção de embalagens multicromadas. No âmbito de sua atuação com soja, deixou de esmagar o grão, passando apenas a refinar o óleo comestível. Ademais, investiu na fabricação de lecitina pura, derivado de soja com aplicações médico-farmacêuticas e na indústria de cosméticos.

A produção de embalagens metálicas e de plástico para a indústria de óleos vegetais e de alimentos passou a se constituir em filão crescentemente explorado pela empresa. Porém, as dificuldades na obtenção de capital de giro e o fato de não possuir crédito para comprar matéria-prima levaram-na a operar através do sistema *à façon*, em que o cliente compra a matéria-prima e a entrega à Olvebra para ser transformada. O sistema funciona com três grandes refinadores de óleos que compram as latas e com três redes de supermercados distribuidores do óleo comestível.

A reestruturação das atividades da Olvebra se completou com a terceirização de serviços como vigilância, limpeza, refeitório e carga e descarga.

Já a ABC-Inco – empresa com forte atuação na região do Triângulo Mineiro – deparou com dificuldades na obtenção de capital de giro para carregamento do estoque necessário à operação das unidades fabris e foi impelida a efetivar contratos de prestação de serviços com as grandes multinacionais do setor. A ABC presta serviços na compra e no processamento do grão, livrando-se do custo financeiro e das dificuldades de colocação do farelo no mercado externo, diante de concorrentes que têm custos portuários e de frete sensivelmente mais baixos. Ademais, como essas empresas estão apenas interessadas no farelo, a ABC pode comprar o óleo para suas fábricas de refino, contando com uma matéria-prima que já "está em casa".

A partir das experiências da Olvebra e da ABC-Inco, ficou evidenciado que os contratos *à façon* passaram a se constituir em importante saída para as empresas com menor capacidade de autofinanciamento, com margens negativas na comercialização do óleo e que se viam às voltas com a crescente disputa pelo grão.

Na esfera das grandes cooperativas que atuam no subsegmento, a Cotrijuí, que, a partir do fim dos anos 70, mergulhou numa violenta crise financeira, assentou a sua reorganização no "enxugamento" do patrimônio e na reconversão de suas atividades.

A alienação de parte do patrimônio não ligado diretamente às culturas da cooperativa (transportadora, lojas espalhadas nos municípios onde vivem seus cooperados e hospitais) fez-se acompanhar do desmembramento da sua filial de Campo Grande (MS), implicando, neste caso, uma redução de 1/3 de suas operações. A reconversão das atividades processou-se por meio do incentivo à prática da rotação da soja com o milho e de projetos de criação de suínos. No âmbito da atividade industrial, a Cotrijuí investiu em uma unidade de processamento de milho – fábrica de farinha e flocos de aveia de milho – e entrou na fabricação de embutidos de suínos, através de uma associação com a Coopercentral, detentora da marca Aurora.

"Conglomeração"

Na estratégia de algumas das grandes cooperativas com presença marcante na cadeia soja/óleos observou-se a tendência à abertura do leque de empreendimentos agroindustriais.

A orientação na direção da diversificação das atividades, a partir da ampliação da gama de matérias-primas agropecuárias produzidas pelos cooperados, visou fundamentalmente a responder à crise, assegurando a sobrevivência da cooperativa e dos produtores a ela associados. Nesse processo, muitas vezes não se observou a "coerência estratégica" entre os negócios, configurando estruturas extremamente complexas, difíceis de harmonizar e administrar.

Assim, a Cocamar – uma grande cooperativa com área de atuação no norte do Paraná –, ao incentivar seus cooperados na direção da diversificação para novas culturas, dentre as quais merecem destaque: laranja, canola (colza) e cana-de-açúcar, acabou adentrando em novas atividades como destilarias de álcool e unidades de extração de suco. Tal estratégia colocou novos desafios referentes à administração de estruturas verticalizadas e diversificadas numa economia instável, e esses desafios acabaram por refletir-se, de modo especial, na adoção de medidas voltadas, de um lado, para a terceirização de serviços (jurídico, de transporte, segurança, restaurante, gráfica) e, de outro, para o "enxugamento" da estrutura administrativa.

Na revisão da estrutura administrativa prevaleceu a redução do número de níveis hierárquicos, acoplado à implementação de um sistema de gestão por produto, no qual cada gerente de divisão – grãos, seda, algodão, café, álcool e açúcar – tornou-se responsável pelas decisões. O objetivo foi tornar a administração mais leve e profissionalizada.

"Especialização"

As grandes *tradings* – Quintella e Toepfer – aprofundaram sua especialização no mercado internacional de *commodities*.

A base da competitividade desse espaço específico de mercado é a obtenção de economias de escala, com a conseqüente redução dos custos unitários de transporte e de armazenagem. Assim, a ênfase recaiu nos pesados investimentos atrelados ao desenvolvimento e aprimoramento da logística voltada para o escoamento da safra da Região Centro-Oeste, envolvendo a construção de terminais fluviais e a aquisição e remodelação de locomotivas e vagões ferroviários.

Indefinição da direção estratégica

No âmbito específico dos grandes frigoríficos atrelados ao subsegmento de abate e industrialização da carne bovina, o quadro, na década de 1980, era de indefinição, marcado pela intensa variação nas exportações e pela oscilação da demanda interna. Agregue-se, ainda, a existência de elevada sonegação de impostos, inviabilizando, segundo os empresários, a competição com os frigoríficos de menor porte.

Os grandes frigoríficos atravessavam um momento delicado, marcado pela retração dos investimentos e mesmo fechamento de diversas plantas industriais. Segundo informações coletadas por Mafei (1994), o grupo Bordon renegociou o prazo para a quitação de dívida junto aos bancos da ordem de US$ 105 milhões. Sola e Anglo também renegociaram dívidas que oscilavam de US$ 25 a 50 milhões. O Kaiowa estava saindo da autofalência e o grupo Sadia perdeu US$ 20 milhões na atividade.

O Frigorífico Bordon, que havia investido em uma nova unidade, em Presidente Prudente (SP), para produzir carne bovina congelada e *corned beef* para atender aos contratos de exportações com Israel e CEE, colocou à venda, em 1994, sua unidade de industrialização de carne no bairro do Anastácio, em São Paulo, buscando uma saída para sua crise financeira. A Sadia, conforme já foi citado, fechou duas unidades de abate em 1993.

Se a orientação para a exportação de cortes nobres e carne processada pareceu se constituir em uma meta perseguida, observaram-se algumas iniciativas voltadas à ampliação do espaço no mercado interno. Assim, o frigorífico Anglo, adquirido por seus executivos por meio de uma operação conhecida como *management buy out*, visando ao mercado interno de derivados de carne, efetivou contratos para fornecimento de feijoada, patês, fiambre e apresuntado para a Arisco. Foi uma tentativa de reanimar os negócios, recorrendo-se à infra-estrutura de distribuição da Arisco, empresa alimentícia originalmente ligada a temperos e condimentos, que desenvolveu uma política agressiva de conquista dos mais diversos segmentos de mercado. Por sua vez, o Frigorífico Kaiowa, além de efetuar um acordo de produção com a Chapecó, lançou uma linha de cortes especiais de carne bovina, destinada com exclusividade para os grandes restaurantes e churrascarias.

Alterações na estrutura espacial das atividades

A elevada ociosidade do parque esmagador de soja e o deslocamento da produção do grão para a Região Centro-Oeste impeliram à revisão da estrutura espacial das atividades do conjunto de empresas da cadeia soja/óleos/carnes, envolvendo:

- a relocalização e a reconcentração geográfica de unidades de esmagamento e refino, implicando a venda/encerramento de plantas industriais.
- o redirecionamento da estrutura de recebimento e de processamento para a Região Centro-Oeste.

O movimento de deslocamento das agroindústrias ligadas à soja para a Região Centro-Oeste, que ocorreu a partir do início dos anos 80, com a montagem de estruturas de recebimento do grão, acabou dando origem, a partir do fim da década, ao aprofundamento da agroindustrialização da região, por meio de ações voltadas para a implantação de unidades de processamento da soja, acopladas à integração da produção de frangos e suínos.

A extraordinária expansão da produção na região, nos anos 70, e generosos incentivos fiscais e creditícios sustentaram esse movimento comandado pelos grandes capitais agroindustriais.

A Sadia incrementou sua atuação na região, com a aquisição, em 1992, da unidade de esmagamento do grupo Zahran, em Campo Grande (MS), o qual se retirou da atividade para concentrar-se no negócio de GLP (gás liquefeito de petróleo). Além disso, o mesmo grupo implantou a Sadia Agrovícola S/A, no estado de Mato Grosso, "com granjas avícolas em Campo Verde e um frigorífico em Vargem Grande com capacidade para 15 milhões de abate, numa primeira fase, chegando posteriormente a 30 milhões" (Wilkinson, 1993b, p.45).

Mior (1992) chama a atenção para as dificuldades encontradas pelo grupo Sadia no estabelecimento do sistema de integração de aves na região, obrigando a empresa a produzir aproximadamente 60% dos frangos.

Além da construção de uma unidade fabril em Rondonópolis (MT), a Ceval instalou novas unidades de processamento de soja em Barreiras (BA) e Balsas (MA), esta última com parte dos equipamentos provenientes de unidade desativada em Pelotas (RS). Cabe ressaltar a gigantesca estrutura de recepção e processamento de soja dessa empresa, que passou a abarcar 16 estados da federação, tornando-se a maior compradora e processadora de soja da América Latina.

Ao lado do arrendamento, em 1989, de um frigorífico em Dourados (MS), para o abate e industrialização de bovinos, a Ceval pretendia, a partir de 1993, desenvolver a suinocultura na região, aproveitando a migração de produtores gaúchos.

Na esfera das médias empresas, com atuação em carnes (aves e suínos), as iniciativas de deslocamento para a Região Centro-Oeste partiram da Agroeliane e da Avipal, premidas pelo acirramento da concorrência na obtenção da matéria-prima na Região Sul.

A Agroeliane instalou em Sidrolândia (MS) uma nova unidade de abate de frangos, integrando cerca de 180 avicultores. Dessa unidade, que representava a duplicação de sua capacidade, 60%

da produção foi destinada ao mercado externo (Japão e Europa). A grande oferta de grãos e a inexistência de frigoríficos de aves na região foram os principais determinantes da decisão. As restrições à ampliação da produção no Rio Grande do Sul criavam obstáculos ao crescimento da Avipal. Nesse sentido, buscando aproveitar a proximidade dos centros produtores de milho, sorgo e soja, a empresa implantou um projeto ambicioso em Goiás: um complexo abrangendo criatório, abate e frigorífico, além da fábrica de ração e esmagamento de soja. Na área agrícola, manteve a produção de milho, soja e sorgo, além de um campo de sementes selecionadas para distribuição aos produtores interessados em fornecer à empresa. A Avipal pretendia produzir parte do plantel necessário à alimentação de seus dois abatedouros (frangos e suínos), mas esperava integrar produtores rurais da região ao projeto.

As dificuldades enfrentadas por essas empresas para a implementação de projetos de integração com produtores rurais de frangos e suínos, obrigando-as a investir na produção própria, colocam em evidência que o avanço da cadeia na direção das carnes (frango e suínos) enfrentou constrangimentos de ordem técnico-produtiva.

Dentre os problemas para viabilizar o sistema de integração, Mior (1992) destaca: "a) a inexistência de infra-estrutura material (energia elétrica, telecomunicações, rodovias); b) o clima quente que dificulta a criação de aves; c) a inexistência de uma estrutura social adequada para a implementação do sistema de integração (produção familiar)" (p.152).

O referido autor dá especial ênfase à ultima variável – inexistência de uma estrutura social rural apropriada para a produção integrada de frangos e suínos, do ponto de vista da agroindústria. Na sua visão, as características da estrutura da produção agrária do Centro-Oeste tenderiam a se aproximar das prevalecentes na Região Sudeste, em especial as do estado de São Paulo. Ademais, enquanto na Região Sul o contrato de integração é feito por um período de três anos, em São Paulo o contrato é por lote de frango.

Os constrangimentos para a integração de suínos enfrentados pela agroindústria foram, por seu turno, ainda maiores, visto que "a atividade suinícola ainda está dependente da tradição camponesa de cuidar da parição e da criação de animais domésticos. Tradição esta presente sobretudo nos produtores de origem européia, existentes no Sul do Brasil" (Mior, 1992, p.156).

Diante desses condicionantes, fica reforçada a importância e as vantagens competitivas da estrutura agrária dos estados da Região Sul. A produção familiar, ao propiciar, além da regularidade de entrega, maior controle de qualidade da matéria-prima, oferece as condições fundamentais para a implementação de uma estratégia de sofisticação e diferenciação dos produtos derivados das carnes, no mercado interno, e ao atendimento das crescentes exigências em termos de sanidade e qualidade, por parte do mercado externo.

Pode-se concluir, no âmbito das estratégias dirigidas para a produção de frangos e suínos, desse conjunto de empresas, a orientação na direção da reconcentração da produção nos estados da Região Sul, combinada com novos investimentos no Cerrado, conduzindo a uma nova divisão do trabalho, "com os frigoríficos do Sul se especializando nas exportações (inclusive para o Mercosul) e no abastecimento dos principais centros de consumo no Centro-Sul, enquanto os investimentos nos cerrados se dirigem ao mercado local e eventualmente também para as regiões Nordeste e Norte" (Wilkinson, 1993b, p.45).

Foi também parte integrante do aprofundamento da agroindustrialização da Região Centro-Oeste o deslocamento das unidades de abate de bovinos dos grandes frigoríficos. As vantagens decorreram, além da fartura de matéria-prima, dos preços inferiores aos negociados em São Paulo, da redução do custo do frete e da existência de linhas de crédito subsidiadas do Banco do Brasil e do BNDES. Alie-se, ademais, a eliminação do *stress* no transporte dos bovinos. Felicio (1992) estima que, no início da década de 1990, o número de unidades de abate, nos estados de Mato Grosso e Mato Grosso do Sul, tenha passado, respectivamente, de duas para 14 e de 12 para 25.

Reconfiguração e/ou ampliação das articulações com fornecedores, distribuidores e clientes

No âmbito das articulações com os agentes que integram a cadeia produtiva, observaram-se alterações significativas nos padrões de relacionamento com os fornecedores agrícolas, com os fornecedores de embalagem e de insumos industriais, com os clientes e com os canais de distribuição.

Com respeito às estratégias da agroindústria voltadas para os fornecedores agrícolas, ressaltam-se as especificidades das orientações na reformulação das relações. Assim, na esfera das interações da agroindústria com os produtores integrados de frangos e de suínos, sobressaiu-se a preocupação com o aprimoramento dos índices técnicos, visando à maior padronização e à elevação substancial da qualidade da matéria-prima. Na cadeia da carne bovina, as tendências apontaram para o estreitamento das relações com os pecuaristas, assentado na busca do aprimoramento técnico do rebanho e na preocupação crescente com o padrão de qualidade da carne. No que toca à revisão das articulações com os produtores de soja, salienta-se a implementação, pela agroindústria, de novos mecanismos de financiamento e de comercialização da safra, visando a suprir o vazio deixado pelo Estado.

Na esfera das relações com os fornecedores de embalagem e de insumos industriais, emergiram importantes parcerias no interior do subsegmento soja/óleos, objetivando a redução dos custos operacionais.

Finalmente, no que diz respeito às relações com clientes e distribuidores, as estratégias de segmentação e de sofisticação do mercado de carnes impeliram, de um lado, a uma maior aproximação com o consumidor – final e institucional – e, de outro, ao estabelecimento de parcerias com os canais de distribuição.

Reconfiguração das relações com os produtores rurais integrados (fornecedores de aves e suínos)

A análise efetuada por Mior (1992) identificou as transformações recentes nas relações de integração operadas pelas empresas agroindustriais, na busca da reestruturação das formas de obtenção de sua matéria-prima. O referido autor realizou uma investigação profunda das alterações nas estratégias voltadas para a produção agrária de suínos e aves, procedidas a partir da década de 1980 por seis empresas – Sadia, Perdigão, Ceval, Chapecó, Agroeliane e Coopercentral –, tendo como espaço privilegiado de pesquisa a região oeste do estado de Santa Catarina.

Na avicultura, o avanço da indústria no controle do pacote tecnológico, associado a todas as fases do processo produtivo da ave, reduziu ou eliminou os determinantes naturais do ciclo de reprodução biológica do animal, garantindo a ela a determinação do padrão técnico e do ritmo do trabalho do produtor rural. Na verdade, este passou a se constituir em mero fornecedor de frangos e perus, tendo pouca, ou nenhuma, atuação nas decisões técnicas e administrativas.

Na suinocultura, a indústria não detém ainda o pacote tecnológico. O conhecimento científico não avançou suficientemente, como na avicultura, no domínio industrial da reprodução do animal. Mior (1992, p.333) assinala que "enquanto nas aves é possível controlar industrialmente, através de incubadoras automatizadas, o processo de produção de pintainhos, na suinocultura ainda não é. Na medida em que o processo reprodutivo do suíno não pode ser reproduzido industrialmente é que a indústria se desvencilha do risco de produzir leitões. Pois, além do risco envolvido na criação do leitão, o parto na suinocultura não tem hora para acontecer, o que dificultava o controle do processo de trabalho".

Nesse sentido, o desenvolvimento da suinocultura integrada caracterizou-se pela maior autonomia relativa do produtor, traduzindo-se, particularmente, em "maiores oportunidades para a existência de uma gama maior de sistemas de produção de suínos" (Mior, 1992, p.196). Isso não significa, no entanto, que não tenha ocorrido um processo de seleção/exclusão de produtores tradicionais, impulsionado pela mudança do patamar técnico da produção, na década de 1970, aliada à crise da suspeita da peste suína africana.

A partir do fim dos anos 70 e com maior intensidade na segunda metade dos anos 80, novas variáveis modificaram o contexto em que se dava a integração, em especial no âmbito da suinocultura. Em primeiro lugar, processou-se uma alteração nas ações dos serviços de pesquisa e extensão rural executados pelo Estado, que interferem na relação de integração. Em segundo lugar, as pressões advindas do próprio setor agrícola integrado, que se expressaram por meio de novas formas de associação, de caráter produtivo e sindical. Finalmente, as mudanças nos padrões de consumo no mercado interno e, particularmente, no externo, cujo aspecto central foram as exigências crescentes em qualidade e estabilidade da oferta.

As dificuldades crescentes para a manutenção dos centros públicos de pesquisa, em face da crise fiscal, concomitantemente ao incremento dos investimentos em pesquisa e desenvolvimento por parte dos grupos agroindustriais, sobretudo na área de suínos, impeliu o setor público a efetivar parcerias com a iniciativa privada, o que, evidentemente, acarretou a ampliação da interferência externa na definição das prioridades de pesquisa e, por conseguinte, a redução de seu grau de autonomia.

Por outro lado, imprimiu-se nova orientação às linhas de pesquisa, com fortes traços de autonomização em relação aos interesses industriais, em especial daqueles associados ao fornecimento de rações. Nesse campo, cabe salientar a pesquisa de fontes alternativas de nutrientes na alimentação de suínos e a pesquisa de procedimentos para processamento de alimentos na propriedade do suinocultor.

A busca de tecnologias poupadoras de insumos industriais, voltadas à adequação do produtor rural a uma conjuntura de redução sensível dos recursos creditícios, acabou, por seu turno, impulsionando mudanças na área de assistência e extensão rural. Nesse campo, mudou-se o eixo orientador da ação – da modernização do processo produtivo para a preocupação com o resultado final da adoção das inovações –, ganhando corpo a "visão sistêmica da propriedade do agricultor".

Além de difundir um padrão alternativo de alimentação de suínos, assentado na valorização dos alimentos existentes na propriedade do produtor, em detrimento daqueles adquiridos junto à indústria de rações, a extensão rural objetivou adequar as condições dos produtores às tecnologias existentes, por meio do estímulo à constituição dos denominados "condomínios de suínos".

Os "condomínios de suínos", ao lado da diversificação das atividades desenvolvidas no interior das propriedades rurais, constituíram iniciativas de natureza técnico-produtiva implementadas pelos produtores integrados, visando a dar uma resposta a um contexto que se afigurava como extremamente desfavorável.

Os condomínios que, inicialmente, se apresentavam como uma nova forma de organização da produção, objetivando criar um espaço complementar ao da simples integração, passaram, com o seu desenvolvimento, a representar um instrumento potencialmente alternativo à integração. Por sua vez, as novas atividades incorporadas às propriedades agrícolas – fumo e leite – transformaram-se em concorrentes à produção integrada.

Concomitantemente, a atuação sindical "se constitui numa nova força em favor do lado agrícola da relação. Os sindicatos dirigem suas demandas para as agroindústrias, em substituição ao Estado, tradicional interlocutor dos anos 70" (Mior, 1993, p.629).

Finalmente, os novos padrões de qualidade da matéria-prima, em suas diversas versões – sanitária, gustativa, adequação ao processamento industrial e ao transporte, embalagem e armazenamento – traduziram-se em novas exigências para a produção agrária.

Esse complexo conjunto de pressões, "a montante" e "a jusante", impeliu à reformulação das estratégias da agroindústria voltadas aos produtores rurais integrados.

Dentre as principais alterações implementadas pelas empresas líderes – Sadia, Ceval e Perdigão – salienta-se a intensificação da assistência técnica e a nova postura perante esta. A forma reducionista que caracterizava a assistência técnica, na medida em que apenas a atividade integrada (suínos ou aves) era assistida, já, a partir do fim dos anos 80, substituída pelo atendimento à propriedade do integrado como um todo, incorporando e apropriando-se dos instrumentos de trabalho da extensão rural praticados pelo setor público.

Com relação às empresas médias que têm sua base de atuação no segmento de carnes (aves e suínos), analisadas por Mior (1992) – Chapecó, Agroeliane e Coopercentral –, com exceção da última, a assistência técnica continuou específica à atividade suinícola e avícola.

Com essa estratégia, as empresas visaram a amenizar e, se possível, eliminar o conflito imanente à relação de integração, ampliando as possibilidades de difusão de um novo patamar tecnológico. Nesse sentido, merecem menção especial a implantação pela Sadia de seu Núcleo de Extensão Rural, vinculado à sua vice-presidência agropecuária, e a criação do Serviço Rural Perdigão, em cujo cerne está a incorporação de um novo perfil do técnico, baseado na metodologia de gestão da propriedade agrícola e na visão global do processo produtivo e da inter-relação entre as diversas atividades básicas desenvolvidas pelo integrado.

No âmbito específico da suinocultura – atividade objeto de maior quantidade de ações estratégicas –, conjugaram-se a internalização de algumas fases do processo produtivo com novos sistemas de integração, cujas tendências foram, de um lado, garantir um maior controle desse processo e, de outro, promover o aprofundamento da especialização dos produtores nas diferentes fases do mesmo.

O incremento do investimento na pesquisa e desenvolvimento levou os grupos líderes, em especial a Sadia, a internalizar a produção de reprodutores e matrizes, antes produzidos por uma categoria específica de suinocultores, passando a distribuir, a partir de agora, apenas animais híbridos, controlando, assim, o material genético.

Na esfera das empresas médias, somente a Agroeliane incrementou um arrojado programa visando à auto-suficiência na área de melhoramento genético de suínos e à multiplicação de granjas próprias para posterior distribuição aos integrados.

O incentivo à especialização na produção de suínos, por meio da segmentação das atividades de criação e terminação, em substituição ao sistema de "ciclo completo", visou, além da obtenção de economias de escala, à seleção dos produtores, assentada no aprimoramento de índices técnicos e do incremento da produtividade.

Em essência, a ênfase foi na obtenção de um novo perfil de produtores especializados. Na fase do ciclo correspondente à criação de leitões, estariam enquadrados os criadores com um bom nível tecnológico e com um plantel mínimo de matrizes. Esses animais, por seu turno, seriam entregues para engorda aos produtores terminadores, constituindo-se em sistema semelhante ao praticado na avicultura, exigindo-se uma infra-estrutura mínima para alojar cerca de trezentos animais por lote.

Em razão das dificuldades encontradas por alguns grupos líderes na implementação da nova proposta, permaneceu, ainda, a participação significativa do sistema tradicional (ciclo completo), porém com a ampliação considerável do plantel mínimo de matrizes.

A experiência de reestruturação do sistema de integração da Coopercentral foi significativa, considerando-se que seu sistema de "ciclo completo" possuía uma escala de produção consideravelmente menor do que a dos demais grupos agroindustriais, implicando maiores custos de transporte de rações e de suínos.

O sistema de "ciclo completo" passou por um processo de seleção/exclusão de produtores, a partir da exigência de um plantel mínimo (cinco matrizes), apoiado na entrega de matrizes pela cooperativa, em troca por quilo de suíno terminado. De acordo com Mior (1992, p.362-3), "o suinocultor que não se dispuser a ampliar o número de criadeiras poderá optar pelo sistema suicooper II (passa a ser terminador). No caso de também não aceitar poderá passar a suíno comercial ... mas neste caso não terá nenhum vínculo ou incentivo da cooperativa".

Concomitantemente, voltou-se para a especialização da produção de suínos, com a constituição do sistema iniciador (produtor de leitões) e terminador. No sistema iniciador, o produtor possui, no mínimo, 18 matrizes. No sistema terminador, por seu turno, "o processo será diferente do que está ocorrendo com os outros grupos – não será parceria – pois o produtor terminador será o proprietário do leitão, que deverá pagá-lo quando da venda do suíno terminado para a cooperativa. O próprio produtor deverá se responsabilizar pela alimentação" (Mior, 1992, p.363).

Verificou-se, ainda, que a maioria das empresas implementaram o sistema de tipificação de carcaças, que premia o produtor quando o suíno apresenta determinadas características desejadas pela indústria.

Nesse campo, a iniciativa pioneira partiu da Coopercentral, que "foi a primeira a implantar o sistema de tipificação de carcaça, em 1982, e tem por objetivo o incentivo à produção de suínos com melhor qualidade de carcaça. Como prêmio, o suinocultor recebe até 10% a mais do preço quando o suíno apresenta determinada espessura de toicinho" (ibidem, p.360).

No âmbito da avicultura, a ênfase foi no aprimoramento do manejo dos animais. De um lado, as tendências dominantes foram a resistência à ampliação do número de aviários por um mesmo proprietário e a preferência pela mão-de-obra familiar. De outro,

Sadia e Perdigão centraram suas estratégicas na nova postura perante a assistência técnica e na implementação de novas fórmulas de pagamento, visando a pressionar a melhoria da produtividade. Em essência, as novas formas de pagamento atuaram tanto premiando o aumento da produtividade, como penalizando a baixa.

Novamente foi a Coopercentral quem entrou inovando, ao permitir a constituição de aviários menores, os quais, por apresentar um ambiente interno mais homogêneo, aliado ao melhor manejo do lote por parte do avicultor, possibilitavam o alcance de melhores índices técnicos.

Em síntese, na suinocultura a ênfase recaiu na restrição dos espaços de autonomia do suinocultor, conjugada a um processo de seleção/exclusão dos produtores rurais, visando à ampliação do controle industrial e o incremento da produtividade. Já na avicultura, as estratégias estiveram orientadas, de um lado, para o incremento da produtividade e da qualidade e, de outro, para a atenuação do conflito na divisão da renda gerada ao longo da cadeia de produção/consumo.

Reconfiguração das relações com os pecuaristas (produtores de bovinos)

As pressões do mercado internacional, que exigiam controle rigoroso sobre as condições sanitárias da carne, bem como as oportunidades de atingir mercados de exportação de mais alto valor, impeliram a uma maior integração entre frigoríficos e pecuaristas.

Na década de 1990, as perspectivas de negócios com a CEE, sobretudo os atrelados à "cota Hilton" – corte especial de novilho precoce, que vale mais do que o dobro da tonelada de carne comum – e com o Japão, o maior importador de carnes e o mercado mais dinâmico, colocaram importantes desafios associados à erradicação da febre aftosa, apontando para a intensificação de medidas conjuntas frigoríficos-pecuaristas, particularmente, diante das seguidas ameaças – algumas concretizadas – de suspensão das exportações brasileiras.

Observou-se, outrossim, uma preocupação crescente da parte dos frigoríficos no sentido de conscientizar os pecuaristas de que o valor comercial do gado não está associado somente a seu peso, mas principalmente ao destino que é dado à carne e às implicações advindas do manejo da atividade criatória.

Nesse campo, Spósito (1993) realça o trabalho conjunto entre a Abiec e a ABNP, consubstanciado no pagamento de um prêmio ao pecuarista que produzir novilho precoce – boi abatido com menor idade, com carne macia e menos gordura.

É importante destacar que, apesar dos importantes avanços, foi surpreendente a falta de integração entre os principais segmentos que compõem a cadeia, o que se explica, em grande parte, pela especificidade da organização da produção agrária. A esse respeito, Mior (1992, p.62) afirma que "esta última difere da produção de suínos e aves, sendo organizada de tal forma que a força dos produtores (poucos) é suficiente para demarcar uma relação com o setor industrial sob outros moldes. São estes próprios produtores que, ao se apropriar desta forma de organização da produção, geralmente extensiva, fazem o preço da arroba do boi em pé".

Nesse sentido, foi significativa a mudança de perspectiva dos próprios produtores com relação à bovinocultura. Encarada tradicionalmente como uma atividade especulativa, no qual o boi e a terra se transformavam em ativos financeiros, passou, gradualmente, a apoiar-se em investimentos voltados ao incremento da produtividade. Assim, segundo Wilkinson (1993b), verificaram-se, na transformação da ocupação do espaço no Sul e no Centro-Sul, certas tendências a médio e a longo prazo, as quais se reproduzem no Centro-Oeste, com o avanço simultâneo de áreas urbanas e de lavoura, com prejuízo da pecuária extensiva. Essas tendências reduzem a ênfase nos ganhos dos pecuaristas relacionados com a compra e venda de terras e apontam para a necessidade de se avançar para formas mais intensivas de produção.

Finalmente, a incorporação de novos agentes à cadeia estimulou a edificação de novas articulações com a pecuária, com importantes estímulos à modernização. De um lado, a crescente segmentação do mercado doméstico, com a emergência das cadeias de *fast-foods* e do mercado de "cortes finos". De outro, a difusão de empresas especializadas nas novas tecnologias associadas à genética de bovinos (novas técnicas de inseminação artificial e a transferência de embriões). A expansão de redes de lojas e de churrascarias especializadas em cortes especiais de boi gordo, como Bassi, Rubayat e The Place, na cidade de São Paulo, processou-se com a aquisição da carne diretamente do produtor. Por meio do desenvolvimento de fornecedores próprios, essas casas comerciais eliminaram a intermediação dos frigoríficos e estabeleceram novas formas de relacionamento com os pecuaristas.

Os seus fornecedores são produtores que confinam o gado, principalmente de raças zebuínas, e que lhes vendem apenas o "traseiro", por preços superiores aos do mercado. O produtor é remunerado pela boa "terminação" do animal e a empresa compradora pode diferenciar o preço da carne com base na maior qualidade.

No âmbito dos avanços genéticos, intensificou-se a difusão de empresas especializadas nas modernas tecnologias associadas à técnica de fertilização *in vitro* de embriões, que permitem a predeterminação do sexo do animal e a minimização dos custos de clonagem e transgênese.[3] O nível de melhoramento genético do rebanho, que com as técnicas tradicionais demandaria anos, passou a ser possível a partir da segunda geração. Ademais, a grande vantagem em relação às técnicas tradicionais de inseminação artificial é que qualquer vaca passa à condição de geradora, em potencial, de um animal de melhor qualidade. Alia-se a isso a possibilidade de o pecuarista escolher a raça e o sexo do animal que deseja produzir — fêmea, se o interesse for a produção de leite, ou macho, para o corte.

Dentre as principais empresas que passaram a integrar esse processo, ressaltam-se: Nova Índia Genética, Vale do Simental, Agropecuária Ajuricaba, Lagoa da Serra Inseminação Artificial e Ferraz Papa Agropecuária. A Nova Índia Genética, além da criação de uma central de transferência de embriões e inseminação artificial, lançou a "bolsa de parceria agropecuária" – grande cadastro reunindo interessados no arrendamento de terras ou contratos de parceria. O

---

3 A clonagem diz respeito à geração, em grande escala, de embriões bovinos idênticos, dando maior previsibilidade e uniformidade à produção. A transgênese objetiva a alteração do mapa genético dos animais.

projeto previa o envolvimento da empresa em parcerias com criadores interessados na realização de transferência de embriões.

Reconfiguração das relações com os produtores de soja

A partir de 1979, com a crise fiscal do Estado, verificou-se, além do fim do subsídio ao crédito agrícola, uma contínua redução da disponibilidade de recursos oficiais. Ademais, a prometida adoção de uma política mais ativa de garantia de preços mínimos não se efetivou, uma vez que "observou-se ao longo da década uma redução ou quase eliminação dos recursos de EGF (Empréstimos do Governo Federal) para a soja (movimento que se verificou para todos os produtos agrícolas), como reflexo inequívoco do agravamento da crise fiscal brasileira" (Castro, 1993a, p.86).

A saída de cena do Estado impeliu à descoberta de novas formas de financiamento e comercialização da safra, no bojo das quais emergiram novos protagonistas. A agroindústria e as indústrias de máquinas e insumos agrícolas passaram a ocupar um papel importante no financiamento à produção rural, no vácuo deixado pelo governo. A indústria passou a se constituir no principal agente financeiro no campo.

Dentre os mecanismos de financiamento utilizados, destacaram-se a "antecipação de contrato de câmbio – ACC" e as "compras por meio de trocas por fertilizantes e sementes". A ACC é uma operação indexada à variação cambial, em que a soja serve não apenas como garantia oferecida pelos produtores ao dinheiro antecipado, como também para lastrear as trocas.

A atuação das empresas agroindustriais foi decisiva e visou, sobretudo, a garantir a disponibilidade do grão, uma vez que o produtor pode desistir ou reduzir a área plantada, em razão das dificuldades de financiamento. Assim, para ilustrar, a Sadia e a Ceval, as duas maiores esmagadoras de soja do país, passaram a adquirir antecipadamente entre 30% a 40% das suas necessidades. Da mesma forma, as *tradings*, como a Cargill e a Quintella, passaram a se constituir em importantes viabilizadoras das lavouras de soja na Região Centro-Oeste, por meio da sistemática de compra antecipada da safra, com a entrega de insumos para pagamento futuro em grãos.

O plano de financiamento de equivalência de produto passou a se constituir, também, em um mecanismo especialmente indicado para a aquisição de bens de maior valor – tratores e implementos agrícolas. Esse tipo de financiamento exigiu uma complexa engenharia financeira. O produtor paga a compra do trator com certificados futuros da soja. O revendedor de tratores entrega o certificado ao banco e recebe "reais". O banco, por sua vez, repassa os papéis para uma *trading* e recebe *export notes* – títulos emitidos por empresas exportadoras indexados à variação cambial.

Esse processo de ocupação do espaço deixado pelo Estado também abrangeu parcerias entre o setor público e o setor privado. Dentre elas, Baraldi (1993) menciona o projeto de recuperação e conservação dos solos no estado do Rio Grande do Sul. Os produtores de calcário financiaram 20% da compra em "equivalência produto", ao mesmo tempo que a Refesa financiou 30% do frete para o sistema. As prefeituras, por sua vez, encarregaram-se do transporte do produto, desde os terminais ferroviários até a porteira da fazenda.

Reconfiguração das relações com os fornecedores de embalagem e insumos utilizados no processamento industrial

No subsegmento soja/óleos, a ênfase na redução dos custos operacionais estimulou inovações nas formas de relacionamento com os fornecedores de embalagem e de insumos utilizados no processamento industrial.

Nessa esfera merecem ser analisadas as experiências da Olvego, Comigo e do grupo Maeda.

A Óleos Vegetais de Goiás (Olvego) firmou contrato com a Metalúrgica Matarazzo, a partir do qual esta última passou a ser a fornecedora exclusiva das latas de 900 ml de sua unidade localizada na cidade de Gama (DF). A originalidade do contrato, no entanto, residiu na adoção de um sistema conhecido no jargão da indústria de embalagens como *in house*. A Matarazzo transferiu sua linha de produção, que funcionava em Luziania (GO), para o interior da fábrica da Olvego. A vantagem daí derivada foi a eliminação do frete.

O nível de devolução crescente da Comigo, motivado pelo "amassamento" das latas de óleo de soja, motivou a implementação de um projeto de parceria envolvendo sua fornecedora Brasilata e a Usiminas, visando ao desenvolvimento de uma nova folha metálica, não revestida e mais dura.

O grupo Maeda, por sua vez, implementou uma parceria com a AGA. Esta última forneceu o hidrogênio para o processamento da gordura extraída do caroço de algodão, instalando uma planta no interior da própria fábrica da primeira, em Goiás. Essa iniciativa assegurou uma redução da ordem de 50% no preço do hidrogênio, a partir da eliminação do frete da fábrica de gases industriais da AGA, em Jundiaí (SP).

Reconfiguração das relações com distribuidores e clientes

Nas estratégias voltadas para a segmentação e sofisticação do mercado de carnes, assentadas particularmente na oferta de produtos com menor teor de gordura, mais práticos e pré-preparados, estiveram presentes: a preocupação com a maior aproximação com o consumidor – final e institucional – e o estabelecimento de parcerias com os canais de distribuição.

No âmbito da busca de maior proximidade com o consumidor final, a Sadia inovou nesse campo, com a implementação de um "serviço de atendimento ao consumidor", integrado ao programa de qualidade total e utilizado intensamente para auxiliar na identificação de suas falhas.

Por sua vez, o relacionamento mais próximo com os denominados "usuários institucionais" (restaurantes, hotéis, padarias e bares) ganhou destaque com o aumento das refeições "fora do lar". Nesse âmbito, o objetivo foi tornar o ato de compra e venda um bom negócio para ambos os lados, por meio de um conjunto de iniciativas por parte das indústrias, abrangendo:

- a criação de produtos sob medida para esse mercado, contando com a colaboração dos clientes;

- o aprimoramento dos serviços, especialmente a instalação de serviços telefônicos que ajudam a resolver problemas de última hora e a reduzir os prazos de entrega;
- a implementação de programas de treinamento, visando a utilização adequada dos produtos.

Ainda no que diz respeito às refeições fora do lar, as redes de *fast-foods* emergiram como alvos privilegiados de parcerias, incorporando novos agentes à cadeia.

Na esfera das relações com os distribuidores, observou-se, de um lado, a emergência de novas formas de relacionamento com o grande varejo e, de outro, as ações voltadas para a reformulação do perfil da estrutura de distribuição.

A crescente concentração do grande varejo, representado pelos supermercados com atuação regional e/ou nacional, introduziu um novo ingrediente às formas de concorrência, qual seja o acesso preferencial a esse poderoso canal de distribuição.

O grupo Carrefour, detentor de 28 lojas localizadas em sete estados brasileiros, priorizou a colocação, em suas prateleiras, de itens com marca própria, entre eles margarinas, óleos e embutidos de carnes. A marca própria é um meio de conquistar a fidelidade dos clientes. Para isso a qualidade e os prazos de entrega dos produtos são fundamentais. Na escolha de seus parceiros, o Carrefour analisa e acompanha o padrão de qualidade e a logística de atendimento às unidades da rede. A contrapartida é a garantia de um volume mínimo de produção e a redução de custos de comercialização, uma vez que seus fornecedores ficam livres das despesas de *marketing*, desenvolvimento de embalagens e comissão de vendedores.

Por seu turno, as mudanças nos padrões de consumo da carne bovina, no mercado doméstico, impeliram as grandes redes de supermercados a efetuar contratos com os frigoríficos credenciados pela CEE, objetivando garantir a qualidade da carne bovina, produto que passou a ser colocado à disposição dos consumidores em cortes especiais, previamente embalados.

No que tange à reformulação do perfil da estrutura de distribuição, merece realce a estratégia da Chapecó, assentada na seleção de novos distribuidores, ao estilo de redes de franquias, que passaram a trabalhar exclusivamente com a marca Chapecó. Com essa política, a empresa visou a tornar-se independente do atacado, fortalecendo ao mesmo tempo sua marca.

No que toca ao subsegmento "carne bovina", a expansão das redes de lojas especializadas em cortes especiais contribui para emergência de novas e complexas parcerias.

As "casas de carnes" – como a Bassi e a Wessel – estiveram no centro de novas articulações entre frigoríficos, um grande supermercado e uma cadeia de *fast-food*. A Wessel Culinária e Carnes Ltda., empresa que comercializa cortes especiais de boi gordo em São Paulo, fechou um contrato com a cadeia Bob's de *fast-food* para que esta última lhe fornecesse um novo tipo de hambúrguer – *burguer-stead* –, feito de carne bovina picada e não moída, como convencionalmente. A Wessel se encarregou de adquirir a matéria-prima de frigoríficos do Brasil Central. O produto foi colocado no mercado doméstico por intermédio da rede de supermercados Pão de Açúcar.

Finalmente, vale ressaltar a reconfiguração das relações entre frigoríficos e curtumes, assentada na adoção de providências elementares voltadas para a correção das operações que afetavam de alguma forma a qualidade do couro – matéria-prima dos curtumes. Dentre elas, ressaltam-se: melhorias no transporte dos bovinos e aprimoramento do descarne. As vantagens eram mútuas. Os curtumes se beneficiavam de uma mercadoria de melhor qualidade e os frigoríficos, por meio da visualização do couro como um produto nobre, incorporavam um novo componente na sua estratégia de mercado.

Intensificação das articulações com concorrentes no mesmo domínio ou em domínios distintos

As articulações com concorrentes tiveram por referência as atividades associadas à produção, à comercialização e a P&D, envolvendo parceiros originários de países diferentes e/ou do mesmo país, pertencentes ao mesmo domínio e/ou a domínios distintos e que, de modo geral, se aliaram buscando integrar "competências complementares".

Dentre os objetivos perseguidos, predominou a conjugação de esforços, visando à conquista de mercados externos e/ou ampliação do mercado interno. Observaram-se, ainda, importantes alianças voltadas para o acesso à tecnologia e para a ampliação das formas de financiamento ao segmento agrícola.

Cabe registrar a presença de algumas articulações com o poder público, no subsegmento soja/óleos, voltadas particularmente para a remodelação da infra-estrutura do transporte de grãos.

Alianças comerciais voltadas para o mercado externo

O acirramento da concorrência nos mercados internacionais de carnes e de grãos impeliu ao estabelecimento de alianças entre concorrentes locais e/ou com empresas dos países/regiões alvo, com o objetivo de penetrar em novas áreas geográficas de mercado. De modo geral, essas alianças estiveram atreladas às atividades de *marketing* e à distribuição de produtos já existentes.

Segundo Mior (1992), a estratégia de exportação de frangos por meio de um consórcio (*pool*) de empresas concorrentes locais data da década de 1980. Inicialmente constituída por três empresas de Santa Catarina, a União dos Exportadores de Frango Ltda. (Unef) passou a contar, posteriormente, com catorze empresas associadas. Na década de 1990, quatro empresas – Sadia, Chapecó, Perdigão e Coopercentral – formaram um *pool* para a exportação de frangos para a Rússia.

Em essência, a formação de consórcios de exportação visou a evitar o rebaixamento dos preços, por meio da unificação e coordenação da oferta.

A aliança com empresas nacionais integrantes de outros setores de atividade também emergiu como componente fundamental da estratégia de acesso aos mercados externos. A Sadia, que não era proprietária de armazéns graneleiros em portos situados fora do país, efetivou uma aliança com a Cia. de Desenvolvimento Agrícola do Estado de Santa Catarina (Cidase) para a construção de uma unidade no porto de São Francisco (EUA), com o investimento compartilhado em partes iguais. Foi uma iniciativa da empresa visando a atingir os mercados da Europa e da Ásia.

Também visando a ampliar seu acesso ao Mercado Comum Europeu, a Ceval participou de uma *joint venture* com duas empresas nacionais – Mappin e Itamaraty – e com uma empresa portuguesa, voltada para a construção de uma fábrica de esmagamento de soja em Portugal. O Mappin entrou com a sua estrutura de distribuição, o grupo Itamaraty com a matéria-prima e a Ceval com o *know how* da produção.

A constituição de acordos de distribuição com empresas dos países importadores, por seu turno, emergiu, igualmente, como componente fundamental da penetração e ampliação de mercados externos.

A Perdigão, pioneira no mercado japonês, efetivou em 1989 um acordo com o grupo Mitsubishi para a comercialização de cortes especiais de frango. Em 1990, realizou uma *joint venture* com o grupo português Valouro, que incluiu a transferência de tecnologia na industrialização de carne de aves, objetivando entrar no Mercado Comum Europeu, a partir de Portugal. Segundo Valla, "Portugal não só será fechado, como toda a Europa, em 1992, como também há uma exigência do Mercado Comum Europeu de redução de empresas no setor de tecnologia para a produção de alimentos"(1990, p.16).

A Sadia, vislumbrando as possibilidades abertas pelo Mercosul, montou, em associação com a Granja Três Arroyos, uma subsidiária em Buenos Aires, para a distribuição de seus produtos no Cone Sul.

A Chapecó, objetivando obter um canal de distribuição junto aos países do Cone Sul, associou-se com empresas argentinas na constituição da Distribuidora Sudamericana S.A.

Alianças voltadas à produção e à comercialização de produtos no mercado interno

No âmbito da ampliação do mercado interno merecem realce, inicialmente, os acordos de cooperação estratégica entre grandes empresas e, também, os acordos de produção conjunta entre as empresas de menor porte. Em essência, esses tipos de alianças cobriram as atividades de produção, *marketing* e comercialização, distribuídas entre os parceiros, em razão do potencial relativo de suas competências na introdução de novos produtos ou na ampliação da área de atuação geográfica dos produtos já existentes.

No que toca aos acordos de cooperação estratégica entre grandes empresas, observaram-se importantes alianças centradas no grupo Sadia. Esse grupo, além de fundar uma nova empresa – Lapa Alimentos S.A. –, em sociedade com o grupo J. Macedo, implementou acordos de cooperação estratégica com a Refinações de Milho Brasil e com a Cocamar. A Lapa Alimentos S.A. agregou uma empresa do J. Macedo – Moinho Fama – e duas da Sadia – Moinho da Lapa e uma fábrica de macarrão localizada em Itapetininga (SP). Na sociedade, a Sadia foi principalmente beneficiada com a capacidade de negociação internacional de compra de trigo do grupo J. Macedo, considerada como uma das mais eficientes do país. A estrutura de distribuição da Sadia, por outro lado, foi forte atrativo para as marcas pertencentes ao grupo J. Macedo – Dona Benta e Brandini –, que buscavam projeção nacional.

O acordo de cooperação estratégica entre a Sadia e a Refinações de Milho Brasil objetivou o lançamento de um novo produto – a margarina de milho Mazzola. A Sadia entrou com a fabricação, distribuição e vendas. A Refinações, dona do óleo de milho Mazzola, cedeu a marca e forneceu a matéria-prima. O *marketing*, as campanhas publicitárias e as promoções foram trabalhadas a quatro mãos.

Para a produção de uma margarina à base de óleo de canola – produto inexistente no mercado brasileiro e destinado aos consumidores que preferem produtos dietéticos –, a Frigobras, subsidiária do grupo Sadia, efetivou um acordo de cooperação estratégica com a Cocamar. Esta última forneceu a matéria-prima e a primeira produziu a margarina em sua unidade no porto de Paranaguá (PR), além de colocar à disposição sua ampla rede de distribuição.

Os acordos de produção conjunta entre empresas de menor porte, no ramo de carnes, passaram a constituir instrumentos-chave para a superação dos sérios obstáculos atrelados ao acesso a canais de distribuição, garantindo o fortalecimento e a consolidação das posições e possibilitando fazer frente às empresas líderes.

A Coopercentral capitalizou sobre a marca Aurora, sobre uma rede de distribuição considerável e sobre o conhecimento tecnológico no processamento de embutidos de suínos, efetivando acordos de produção conjunta com outras cooperativas presentes em áreas geográficas específicas. Foi uma estratégia voltada para a consolidação de seu espaço no mercado interno.

A Cooperativa Central do Vale do Jacuí (Cooperjacuí) e a Cooperativa Regional Tritícola Serrana (Cotrijuí), duas cooperativas centrais do estado do Rio Grande do Sul com tradição em grãos, incentivaram a suinocultura entre seus associados, efetivando esse tipo de acordo com a Coopercentral. Da mesma forma a Gabrielense, grupo de suinocultores do município de São Gabriel do Oeste (MT), instalou um abatedouro e uma unidade de produção de embutidos de suínos.

A Holambra efetivou acordo de produção conjunta com o Frigorífico Bom Beef de Vinhedo, para colocar no mercado "cortes especiais de suínos".

A Chapecó implementou um acordo de produção conjunta com os frigoríficos de bovinos Kaiowa e Bom Charque, objetivando o lançamento de uma linha exclusiva de derivados de carne bovina com a marca Chappy, produzidos sob encomenda pelas duas empresas citadas.

Alianças assentadas em P&D e na transferência de tecnologia

A busca da incorporação e apropriação dos importantes avanços das modernas tecnologias associadas à genética de bovinos impeliu as empresas especializadas nesse tipo de atividade a efetivar consórcios e acordos de cooperação tecnológica com empresas congêneres nacionais e internacionais e, também, com universidades. Além da divisão do esforço de P&D entre os parceiros, evitando a duplicação de investimentos, esse tipo de aliança permitiu a obtenção das vantagens de escala.

A Nova Índia Genética efetuou um acordo de cooperação tecnológica com sua congênere norte-americana Cardinal, voltado para o intercâmbio de sêmen e de embriões das raças nelore (Brasil) e brahma (EUA). O objetivo foi obter, por meio da mistura dessas raças zebuínas, animais precoces para abate com 17 arrobas, aos 18 meses.

Os empresários Olacyr de Moraes e Rolim Amaro, respectivamente dos grupos Itamaraty e TAM, por seu turno, associaram-se para a implantação de uma central de transferência de embriões e comercialização de sêmen de gado simental.

A ABC Algar, subsidiária do grupo ABC, efetivou uma *joint venture* com a empresa francesa Larroche Elevage Acquitanne (LEA) para iniciar, no Triângulo Mineiro, a criação da raça bovina de corte blond acquitaine, praticamente desconhecida no Brasil. O objetivo, além de incorporar a técnica de manejo da nova raça, foi produzir carne para comercialização em casas especializadas da Europa, com a coordenação do parceiro francês.

Na esfera das empresas do subsegmento soja/óleos, a Olvebra concretizou um convênio de cooperação tecnológica com a japonesa Nissin Oil Mills, destinado ao desenvolvimento de produtos voltados para a alimentação e cosméticos, a partir da incorporação dos avanços da química fina e da biotecnologia. Foi um esforço especial de diversificação, inserido na sua estratégia de "reconversão" para novas atividades.

Alianças para a implementação de novas formas de financiamento e comercialização da safra

Por trás das novas formas de financiamento e de comercialização da safra de soja discutidas anteriormente, verificaram-se importantes arranjos entre empresas agroindustriais concorrentes e/ou entre estas e as empresas produtoras de bens de capital para a agricultura.

A Toepfer – *trading* de capital alemão –, por não possuir uma infra-estrutura de compra e recebimento do grão na área do Triângulo Mineiro, fechou um acordo operacional com a ABC Inco. – grande processadora da região – para entrega futura de *pellets* de soja, com pagamento antecipado, à semelhança dos contratos fechados com os produtores agrícolas. A diferença residiu, nesse caso, no fato de que a liquidez, garantida pelo pagamento antecipado, estava sendo dada a uma empresa industrial, para que ela, por sua vez, adiantasse aos produtores a aquisição da futura safra de soja.

Em síntese, a Toepfer entrou com o capital de giro para o financiamento da safra e a ABC com a sua tradição e rede de captação.

Outro caso ilustrativo foi o acordo entre a Maxion – empresa do grupo Iochpe, fabricante de colheitadeiras e tratores – e a Cargill, viabilizando a implementação do sistema de troca de seus produtos por grãos. A Cargill adquiria os grãos para venda futura e os recursos eram repassados à Maxion; a quem cabia a entrega do bem ao produtor agrícola.

Alianças com o setor público

Na estratégia de investimento em logística (estrutura de transporte e de armazenagem de grãos) das grandes *tradings* do subsegmento soja/óleos, voltada para a redução do custo do frete da Região Centro-Oeste para os terminais portuários, as alianças com o setor público constituíram componente essencial.

Para aquilatar a importância desse tipo de associação, apresenta-se a experiência da *trading* Quintella, a qual formalizou contrato com a Fepasa, comprometendo-se a investir em material rodante em troca de garantia de transporte. O projeto conjunto compreendeu a aquisição de sete locomotivas, a modernização de mais quinze delas e a adaptação de 320 vagões comuns para graneleiros, além de melhorias em pátios ferroviários. A empresa obteve 25% de desconto no frete, além do desconto em parcela correspondente no uso das locomotivas.

4 REESTRUTURAÇÃO E ESTRATÉGIAS DE REORGANIZAÇÃO NA AGROINDÚSTRIA CITRÍCOLA

Neste capítulo, após a "contextualização histórica" da constituição e desenvolvimento da agroindústria citrícola, serão identificadas as mudanças de cenário, a partir do fim dos anos 80, que passaram a imprimir nova orientação ao comportamento dos agentes que integram o segmento. A seguir, serão localizadas e analisadas as principais estratégias implementadas pelas empresas.

A análise da origem e da evolução da agroindústria citrícola, desde as décadas de 1920 e 1930, passando pela implantação da indústria processadora de sucos, põe em evidência os elementos centrais e os determinantes de sua conformação e dinâmica até o fim dos anos 80, quando eles perdem força ou adquirem novas dimensões, configurando-se, assim, um novo cenário nos anos 90.

As mudanças de cenário expressaram-se pelo acirramento da concorrência internacional e local, pelo caráter desordenado da expansão do plantio, na década de 1980, e pelo ajuste da oferta de matéria-prima às novas condições do mercado internacional de suco concentrado congelado, na década de 1990.

Esse conjunto de transformações conduziu à reformulação das estratégias de organização. Observaram-se importantes alterações no âmbito da estrutura interna, mudanças de peso no âmbito das relações com os fornecedores agrícolas (citricultores), além da intensificação de alianças com empresas concorrentes no mesmo domínio de atividade.

DA CONSTITUIÇÃO DA CITRICULTURA EM BASES COMERCIAIS, NO FIM DA DÉCADA DE 1920, À IMPLANTAÇÃO E CONSOLIDAÇÃO DA INDÚSTRIA DE SUCO, NA DÉCADA DE 1970

A demanda externa constituiu o vetor fundamental do dinamismo da agroindústria citrícola. Da implantação da citricultura no estado de São Paulo, em bases comerciais, no fim da década de 1920, até o início dos anos 60, sua evolução esteve fortemente atrelada ao mercado internacional da fruta *in natura*. Com a implantação da indústria de suco concentrado congelado, em meados dos anos 60, foram as condições francamente favoráveis do mercado internacional dessa *commodity* que deram nova conformação ao segmento e passaram a imprimir um ritmo acelerado de crescimento.

Dentre os setores agroindustriais brasileiros, a agroindústria citrícola é aquela em que o Estado se mostrou menos presente, o que não implica dizer que não tenha atuado ao longo das diferentes fases do desenvolvimento do segmento. Nesse sentido, merecem ser destacados, de um lado, o importante papel desempenhado pelo governo do Estado de São Paulo, em particular nas décadas de 1950 e 1960, no âmbito do suporte técnico e do controle fitossanitário da cultura de citros e, de outro, a peculiar atuação da Cacex na crise vivenciada pela indústria de suco no período 1974-1976, quando essa agência estatal colocou-se como um fórum neutro de resolução dos conflitos intercapitalistas – entre os capitais industriais e entre estes e os citricultores.

Nesse sentido, o termo "intervenção" não expressa adequadamente a forma pela qual o Estado se fez presente no setor. Foram ações institucionais, porém não institucionalizadas, consubstanciadas por meio de uma particular "gestão de governo". Assim, o poder público atuou, em determinados momentos, para responder a uma "demanda" do setor privado, não se configurando, como nos demais setores agroindustriais, uma política explicitamente atrelada ao aparato estatal, o que provoca e imprime uma orientação à ação dos agentes.

Nas décadas de 1920 e 1930, a citricultura comercial no estado do São Paulo nasceu na região de Limeira, aproveitando a tradição produtiva e a infra-estrutura do café, que se encontrava em decadência. Os custos de produção sensivelmente inferiores aos do estado do Rio de Janeiro atraíram as firmas exportadoras e transformaram a região em um dos principais núcleos exportadores da fruta *in natura*.

Segundo Ceron (1969), apesar do aumento crescente das exportações da laranja e da instalação das casas comerciais de embalagem, as bases da implantação da citricultura na referida região eram pouco sólidas. O autor ressalta que a variedade bahia, predominante nos pomares, além de não preencher as exigências do consumidor externo (teor de acidez e tamanho do fruto), apresentava desvantagens associadas à menor resistência no pé, após amadurecida, baixa resistência aos longos percursos e alta suscetibilidade à podridão.

A década de 1940 e o início dos anos 50 foram marcados por uma séria crise na citricultura paulista. De um lado, em razão do declínio das exportações para a Europa, decorrência da Segunda Guerra Mundial. De outro, por causa da propagação da doença dos citros denominada "tristeza".

A partir desse período e, com maior intensidade nas décadas de 1950 e 1960, o governo do Estado de São Paulo, mediante a Estação Experimental de Citricultura de Limeira (criada em 1928), teve uma atuação de importância inestimável no âmbito do controle fitossanitário. O suporte institucional do Estado foi fundamental para o combate à "tristeza", resultando na troca de "porta-enxerto" – da laranja caipira para o limoeiro cravo – e, principalmente, na utilização de "clones nucleares" no processo de enxertia, o que representou uma revolução no controle da transmissão de viroses.

Agregue-se, de um lado, a manutenção de um "banco de germoplasma", por parte do Instituto Agronômico de Campinas, voltado para a seleção e melhoramento genético das mudas e, de outro, a implantação de um sistema de fiscalização e autorização de funcionamento dos "viveiristas" (produtores de mudas), por parte da Secretaria da Agricultura, proporcionando, assim, maior garantia ao controle fitossanitário.

Vencida a "tristeza" e com a retomada das exportações da fruta *in natura*, as décadas de 1950 e 1960 foram marcadas por um processo de renovação e expansão da citricultura paulista, no qual se sobressaem dois aspectos: a) a substituição e a diversificação das variedades, durante a renovação dos pomares; b) a ampliação do consumo interno da laranja.

Durante o processo de renovação e expansão ocorreu a substituição da variedade "bahia" pela "pêra", proporcionando enormes vantagens técnicas e econômicas. Segundo Vieira et al. ,"a variedade pêra, selecionada pelo IA, passou a substituir a baianinha, que predominava anteriormente, isso significando uma melhor adaptação às exigências do mercado externo ... Além disso, a pêra resiste durante maior tempo na árvore, após o amadurecimento, o que permite estender o período de fornecimento aos mercados e aproveitar melhor a mão-de-obra empregada na colheita e os equipamentos de embalagem" (1976, p.12).

Ademais, foi incorporado um maior número de variedades (natal, valência, barão, hamlin), cuja conseqüência mais importante foi a extensão do período de colheita de março até novembro. "Esta extensão está correlacionada ao período de maturação das variedades cultivadas, as quais se dividem em três grandes grupos, ou sejam: as variedades precoces, as de meia estação e as tardias" (Ceron, 1969, p.56).

A ampliação do mercado interno, atrelada à intensificação da urbanização e à construção de rodovias, por sua vez, proporcionou um importante escoadouro da produção "não exportável". A esse respeito, Ceron (p.57) afirma que "especialmente depois de 1950, com o grande aumento da produção de laranja ... é que o consumo interno da laranja produzida em Limeira começou a tomar maiores proporções. A laranja que passava pelos barracões de beneficiamento e que pelo seu aspecto externo não servisse para ser exportada era enviada a São Paulo. A capital passou a constituir e constitui até os dias atuais[1] o maior centro de consumo das laranjas não exportadas".

Cabe enfatizar que o mercado interno não se apresentava como um vetor da dinâmica do segmento, mas como uma espécie de apêndice do mercado externo, voltado ao consumo do denominado "refugo". Mais precisamente, como até o início da década de 1960 não havia sido incorporada "tecnologia" capaz de propiciar o aproveitamento de toda a fruta produzida, a ampliação do mercado interno foi essencial para a manutenção das condições da oferta.

Em síntese, nas décadas de 1950 e 1960, ao lado das condições favoráveis à comercialização da fruta *in natura*, tanto no mercado externo quanto no interno, observaram-se a ampliação e a difusão do conhecimento agronômico, proporcionados pelos aparatos de pesquisa e de extensão rural do governo do Estado de São Paulo. Como resultado da conjugação desses fatores, reduziram-se os riscos dos capitais que se dispuseram a ingressar e/ou ampliar a atividade citrícola (produção e comercialização), configurando um padrão técnico-produtivo que facilitou, sobremaneira, a implantação da indústria processadora de suco, a partir de meados dos anos 60.

Nesse sentido, a atividade citrícola já se constituía, no início dos anos 60, em bases técnicas e econômicas mais sólidas, já des‍pontavam novos pólos de produção no interior do Estado de São Paulo, salientando-se Bebedouro, Araraquara e Matão.

A implantação da indústria de suco[2] decorreu da oportunidade aberta no mercado internacional, com as geadas na Flórida em 1962-1963. Sua consolidação ocorreu no curto espaço de duas décadas, traduzida no incremento exponencial da capacidade de produção. Segundo Siffert (1992), a capacidade instalada saltou

---

1 O autor refere-se à década de 1960.
2 A primeira fábrica de suco concentrado congelado, nos moldes americanos, implantada no Brasil, foi a Suconasa (Sucos Nacionais S.A.), iniciativa de um portoriquenho chamado Pedro Santiago, proprietário da Toddy do Brasil. A fábrica foi instalada na cidade de Araraquara (SP), e entrou em operação em 1963.

de 10 mil t/ano, em meados dos anos 60, para 47 mil t, em 1970; em 1976 havia atingido 240 mil t/ano e ultrapassara 585 mil t, em 1980. No fim da década de 1980, havia atingido 1.200 mil t/ano de capacidade.

A consolidação da indústria processadora, na década de 1970, marcou uma nova etapa no desenvolvimento da citricultura. De um lado, mudou a finalidade primordial da laranja, transformando-se em matéria-prima de um produto industrial – o suco concentrado congelado, emergindo novos critérios técnicos de avaliação.[3] De outro, as condições do mercado internacional dessa *commodity* passaram a delinear as perspectivas de desempenho da agroindústria.

Nesse sentido, Neves et al. (1991) atribuem ênfase a três componentes que convergiram para a conformação desse mercado nas décadas de 1970 e 1980:

- o balanço doméstico anual de oferta e demanda dos EUA, "pois além de serem o segundo maior produtor mundial foram os maiores consumidores de suco cítrico, importando considerável parcela para atender o mercado interno e a re-exportação" (Neves et al., 1991, p.59);
- a produção brasileira, uma vez que o volume ofertado pelo Brasil exerceu forte influência na formação do preço internacional, constituindo-se no principal produtor e maior exportador mundial;
- a demanda da Europa ocidental.

Os capitais investidos na indústria de suco provieram, basicamente, das empresas que exportavam, anteriormente, o produto *in natura*. Segundo Siffert (1992), as conexões com grupos estrangeiros que participavam do mercado internacional de frutas e sucos possibilitou a essas empresas a visualização de novas oportunidades de acumulação, a partir do mercado internacional de suco concentrado congelado.

---

[3] Dentre os principais índices técnicos destacam-se o brix e a relação brix/acidez (*ratio*). O brix refere-se ao valor de sacarose de acordo com uma escala que determina a relação entre a quantidade de sólidos solúveis e a quantidade de suco. A *ratio* equivale ao brix por gramas de ácido anidro.

No nascimento da indústria de suco já despontavam duas grandes empresas (Citrosuco e Sucocítrico Cutrale) e, na segunda metade da década de 1970, aprofundou-se a concentração de capitais, com a incorporação de outras empresas menores por esses dois grupos.[4] No início da década de 1980, segundo Martinelli (1987), Citrosuco e Cutrale consolidavam-se como líderes, com cerca de 65% da capacidade total de processamento, vindo a seguir Cargill e Coopercitrus (Frutesp) na qualificação de médios, com 26%.

Conformou-se, assim, uma estrutura oligopolista e oligopsônica. A estrutura oligopolista possibilitou às empresas localizadas no país afetar o comportamento dos preços do suco, visto que, na década de 1980, "no conjunto são responsáveis por 85% do comércio internacional de FCOJ" (Siffert, 1992, p.35). A estrutura oligopsônica, por sua vez, trouxe, como conseqüência direta, a possibilidade de cartelização na compra da matéria-prima, viabilizando o controle do fornecimento da laranja e garantindo quantidade e qualidade adequadas.

Tratando-se da produção e comercialização de uma *commodity* – produto com características basicamente homogêneas –, a estratégia de concorrência e de expansão das empresas apoiou-se em pesados investimentos dirigidos à consolidação de vantagens competitivas em custo, por meio da obtenção de economias de escala no processamento industrial e da estruturação de sofisticado sistema logístico e de distribuição, envolvendo, além do transporte terrestre e marítimo, terminais portuários no Brasil e no exterior. Agregue-se às referidas condições a capacidade financeira para realizar adiantamentos aos citricultores, de modo a assegurar o fornecimento da matéria-prima.

Na interpretação de Martinelli (1987), as margens razoáveis de lucro obtidas pelas empresas com a atividade de exportação de suco concentrado ampliaram consideravelmente sua capacidade

---

4 No primeiro trimestre de 1977, a Cutrale e a Citrosuco compraram a Citral, de Limeira, e a Tropisuco, de Santo Antonio da Posse. A Sucorrico (Grupo Biagi) foi também adquirida meio a meio pelas duas grandes. Meses antes, a Citrobrasil havia sido adquirida pela Cargill, enquanto a Avante era absorvida pela Citrosuco (Hasse, 1987).

de autofinanciamento, viabilizando a implantação e a consolidação do parque industrial citrícola.

Finalmente, cabe destacar o papel desempenhado pelo governo, a partir da crise vivenciada pelo setor entre 1974 e 1976, associada à queda das exportações de suco, por causa da redução nas importações dos países afetados pelo "choque" dos preços do petróleo e da falência da unidade industrial de uma grande empresa multinacional (Sanderson),[5] instalada pouco antes no Brasil.

A preocupação por parte do governo em manter o potencial de acumulação de divisas do setor impeliu a sua atuação, passando a operar "em diversos campos para restabelecer o equilíbrio do setor. Primeiramente, definiu regras para a luta concorrencial entre as empresas, ao estabelecer preços mínimos e cotas de exportação. Em segundo lugar, internalizou parte dos custos financeiros da crise, ao restituir impostos e outorgar subsídios. Em terceiro lugar, inaugurou no âmbito da Cacex um espaço neutro onde dirimir conflitos entre a indústria e os produtores" (Lifschitz, 1993, p.50).

Nesse sentido, a "intervenção" do governo esteve voltada para normatizar e normalizar as condições da concorrência, posicionando-se, principalmente, como mediador e árbitro. É o que afirma Hasse (1987, p.218): "na prática, a Cacex tornou-se uma espécie de cartório disposto a apaziguar as brigas entre produtores de laranjas e produtores de suco e a acomodar as disputas para obter melhor posição no mercado externo".

Coincidiu com essa "intervenção" do Estado a criação de associações de citricultores e de industriais, tendo como principal objetivo representar os respectivos interesses perante o poder público. Em 1974, nasceram a Associação Paulista de Citricultores (Associtrus), formada pelos produtores de citros, e a Associação

---

5 No fim de 1973, o grupo italiano Sanderson, que havia adquirido a Cia. Mineira de Conservas de Bebedouro (SP), desencadeou uma "corrida" pela laranja da safra de 1974, contratando antecipadamente cerca de 8 milhões de caixas. Em maio de 1974, ao entrar em situação falimentar, a empresa colocou os produtores à beira de uma crise, uma vez que estes não podiam entregar sua fruta às outras fábricas. A crise se aprofundou no ano seguinte, quando o governo do Estado de São Paulo assumiu a empresa, que passou a denominar-se Frutesp. Em 1979, a Cooperativa dos Citricultores da Região de Bebedouro-SP (Coopercitrus) assumiu o controle da Frutesp (Hasse, 1987).

Brasileira das Indústrias de Sucos Cítricos (Abrassucos), constituída pelas empresas processadoras.⁶

AS MUDANÇAS DE CENÁRIO A PARTIR DO FIM DOS ANOS 80

A partir do fim dos anos 80, concomitantemente à emergência de novos condicionantes na concorrência internacional, observaram-se importantes alterações no interior do segmento citrícola, associadas, de um lado, à entrada de novas empresas e, de outro, à revisão das bases que sustentavam as relações indústria-agricultura.

Os novos contornos no plano internacional – acirramento da concorrência e abertura de novos mercados

Na década de 1990, desenharam-se novos contornos no cenário internacional: de um lado, expectativas negativas quanto ao comportamento, a curto prazo, das cotações internacionais de suco, associadas ao desequilíbrio potencial entre oferta e demanda; de outro, expectativas positivas, a médio e longo prazos, quanto à ampliação dos mercados atuais e/ou abertura de novos mercados.

De acordo com as projeções da FAO, a citricultura mundial, em função do crescimento da oferta em ritmo maior que a demanda, enfrentaria uma fase de preços médios decrescentes, de modo a aproximar ou tornar os preços inferiores aos custos de produção. Na base do desequilíbrio potencial entre oferta e demanda

---

6 Na década de 1980, ampliaram-se as entidades representativas dos agentes. Na esfera dos citricultores, surgiu, em 1988, a Associação de Citricultores do Estado de São Paulo. Na esfera da indústria processadora, a partir de meados dos anos 80, surgiram a Associação Nacional das Indústrias Cítricas (Anic) e a Associação Brasileira de Exportadores de Cítricos (Abecitrus). A Anic era formada por três empresas (Citrosuco, Cargill e Citropectina). A Abecitrus representava unicamente a Cutrale. Em 1994, ocorreu a fusão das três entidades, com o desaparecimento da Abrassucos e da Anic, e a Abecitrus passou a se constituir no único porta-voz do segmento.

estavam a expansão extraordinária do plantio de citros no Brasil, na década de 1980, a recuperação da produção da Flórida (EUA), o arrefecimento da taxa de crescimento do consumo do suco e a emergência de novos concorrentes.

A euforia da década de 1980, resultado de três geadas na Flórida e do crescimento médio de consumo mundial de 3,8% ao ano, impulsionou o plantio no Estado de São Paulo, transformando a citricultura paulista em irresistível atração para investimentos industriais e agrícolas. Segundo Garcia (1993), a área com plantações de laranja no Estado de São Paulo superou 900 mil hectares, no fim da década de 1980, tendo o número de árvores atingindo cerca de 144 milhões, dos quais 118 milhões em produção.

Nesse processo, a taxa de crescimento dos novos pomares foi muito superior às taxas observadas em períodos anteriores, configurando uma expansão considerável da oferta, no início da década de 1990, e, conseqüentemente, alimentando a oferta de suco, num mercado que não cresceu na mesma velocidade.

Considerando ainda o desequilíbrio potencial entre oferta e demanda, a recuperação e a retomada da produção da Flórida não representaram somente uma redução nas importações do suco por parte dos EUA, mas o reposicionamento desse país na concorrência internacional.

A Flórida sempre foi o principal concorrente do setor citrícola brasileiro. No fim dos anos 80, a estratégia de recuperação dos pomares na região apontava para o fortalecimento da posição dos EUA e, conseqüentemente, para a intensificação da concorrência no mercado mundial. A Flórida não só abandonou as regiões costumeiramente mais sensíveis a geadas, reduzindo assim certas vulnerabilidades, como agregou novos avanços tecnológicos, que representaram uma elevação considerável dos níveis de produtividade. A esse respeito Neves et al. (1991, p.53) afirma que, "na Flórida, a expansão se realiza em direção às regiões oeste, centro, leste e sul, fugindo da região norte mais sujeita às geadas ... A particularidade nesta expansão se dá em termos de 'standart' de plantio (mais adensado) e uma tecnologia mais apropriada, buscando eficiência produtiva e um rendimento cultural maior".

O México, por sua vez, despontou como um novo concorrente, com boas condições de plantio, embora com problemas relacionados a deficiências na tecnologia industrial e a áreas muito reduzidas pela reforma agrária. A sua maior vantagem comparativa, porém, era a proximidade do maior mercado do mundo – os EUA –, sendo, nesse sentido, beneficiado pelo Nafta – acordo de livre comércio entre EUA, Canadá e México. Segundo Garcia (1992, p.8) "se o Nafta for implementado, a tarifa americana incidente sobre o nosso suco e não sobre o deles vai se transformar na alavanca propulsora do progresso da citricultura mexicana".

A importância relativa dos demais concorrentes (Israel, Espanha, Itália, Grécia, Marrocos e Tunísia) não decorria das suas condições de produção, mas da preferência na colocação do produto na CEE. Israel, Marrocos e Tunísia tinham tarifas preferenciais. A Itália e a Grécia (membros da CEE) concorriam com tarifa zero e dispunham de força política para impor ônus ao suco brasileiro.

Como se percebe, a formação de blocos comerciais (CEE e Nafta) trouxe, no seu bojo, o aumento do protecionismo, cuja superação exigia uma capacidade de negociação que extrapolava o âmbito das empresas ou mesmo de segmentos isolados da agroindústria.

Em contrapartida a esse conjunto de fatores conformadores de um quadro desfavorável, despontaram novas perspectivas associadas à ampliação do consumo nos mercados atuais e de abertura de novos mercados.

Com relação ao mercado americano, a provável redução da tarifa imposta ao suco brasileiro, resultado de proposta do Brasil junto ao GATT, poderia contrabalançar a redução das importações, conseqüência do aumento da produção interna. Ante a elevada elasticidade-preço do produto nos EUA, a redução dos preços ao consumidor, conforme a revisão da tarifa, abria a possibilidade de uma ampliação considerável da demanda naquele país.

No que tange aos tradicionais consumidores da CEE, segundo Garcia (1992), a queda do dólar americano, ante as moedas locais e a intensificação do consumo de produtos naturais apontavam para a expansão do consumo *per capita*, em especial na França, Inglaterra e Itália.

O Japão e a Coréia do Sul, ao lado dos países da Europa oriental e daqueles que anteriormente integravam a URSS, representavam, por sua vez, importantes mercados em ascensão.

No entanto, se o potencial de mercado era significativo, os desafios eram enormes. Quanto ao Japão e à Coréia do Sul, exigiam pesados investimentos no desenvolvimento de hábitos de consumo, em canais de distribuição e em sistemas eficientes de transporte, capazes de superar a enorme distância. Considere-se, ademais, o fato de esses dois países serem fortemente protecionistas e altamente exigentes em qualidade e preço. Quanto aos países da Europa oriental e da antiga URSS, existia um poderoso obstáculo associado à ausência de moeda forte para importar.

Os novos contornos no plano nacional – entrada de novas empresas e alterações na relação agricultura-indústria

No plano nacional, os novos contornos estavam associados: a) à entrada de novas empresas no setor; b) às alterações na relação agricultura-indústria, em razão do esgotamento do modelo de remuneração do produtor agrícola e da emergência de novos mecanismos de gerenciamento da colheita a partir da utilização da informática e das novas biotecnologias.

A entrada de novas empresas e a transformação do quadro de forças

Na esteira da euforia da década de 1980, ocorreu uma profunda alteração no quadro de forças no interior da indústria processadora, a partir da entrada de empresas com potencial financeiro considerável, seja por meio da aquisição e ampliação de unidades já existentes, seja por meio do investimento em novas instalações.

O grupo francês Louis Dreyfus, um dos maiores conglomerados mundiais do setor de *agribusiness*, cuja atuação no Brasil processa-se por meio da *trading* Coinbra, adquiriu, em 1988, a Frutropic, que integrava o rol das pequenas empresas do setor. Depois de injetar 25 milhões de dólares na ampliação da fábrica, a capacidade de processamento saltou de 10 milhões de caixas para 23 milhões de caixas. Essa ampliação da capacidade de esmagamento, por seu turno, impeliu a empresa na conquista de um número maior de fornecedores, alimentando a guerra pela fruta, que foi reforçada pela entrada no mercado de novas empresas. No início de 1993, o grupo adquiriu também a Frutesp[7] (Cooperativa dos Citricultores da Região de Bebedouro-SP).

No início da década de 1990, entraram no setor citrícola três novas empresas, acirrando a disputa pela matéria-prima e pelo mercado – a Citrovita, do grupo Votorantim, com vultosos projetos, envolvendo plantio próprio e implantação de duas unidades de processamento, a Cambuhy Citrus, do grupo Moreira Salles, com ampliação do plantio e instalação de uma unidade de processamento em Matão (SP), e a Royal Citrus, com plantio próprio e instalação de unidade processadora em Taquaritinga (SP). A entrada desses grupos – um deles, o Votorantim, sem tradição na atividade, foi viabilizada por financiamentos concedidos pelo BNDES, cuja orientação básica foi a de promover a desconcentração do setor.

Assim, embora as duas gigantes – Citrosuco e Cutrale – permanecessem na liderança, esboçou-se uma reconfiguração de forças na indústria processadora nacional. Seguem-se em importância às duas grandes um conjunto de empresas – Cargill, grupo Louis Dreyfus (Frutropic e Frutesp); Montecitrus; Cambuhy Citrus e Citrovita –, com fôlego financeiro para alavancar recursos e sustentar posições, não só na compra de matéria-prima, mas também para atuar com maior poder de barganha no mercado internacional de suco.

Para que se tenha idéia da estrutura do núcleo do setor, na safra 1992-1993, segundo Brandimarte (1993), Citrosuco e Cutrale detinham, respectivamente, 26,22% e 23,79% das receitas de exportação do suco. Em seguida, encontravam-se os grupos acima referidos: Louis Dreyfus (Frutropic/Frutesp), com 16,43%;

---

[7] Conforme já citado anteriormente, a Frutesp foi uma empresa constituída pelo governo do Estado de São Paulo, em 1975, para resolver a crise criada pela falência da Sanderson. Em 1979, a empresa passou a ser gerida pela Coopercitrus (Cooperativa dos Citricultores da Região de Bebedouro-SP).

Cargill, com 8,38%; Montecitrus/Cambuhy,[8] com 7,5% e 3,3%, respectivamente; e Citrovita, com 3,3%.

Dentro do estrato das pequenas empresas, com reduzida expressão no setor, destacavam-se, na safra 1992-1993, a Royal Citrus, a Branco Perez e a Citropectina.

As alterações nos contornos da relação agricultura–indústria

As preocupações nucleares que, tradicionalmente, cercaram a interação processadora-citricultor dizem respeito ao embate associado à negociação do preço da fruta, aos custos de gerenciamento dos pomares – fiscalização, supervisão e identificação do ponto de maturação – e aos custos de colheita e de transporte dos frutos até as unidades de processamento, sob responsabilidade das empresas processadoras. Nesse processo de interação, sobressai-se o "contrato" enquanto mecanismo regulador da relação.

Como será visto a seguir, no desenvolvimento do setor surgiram duas modalidades de contrato. O denominado contrato "a preço fixo" prevaleceu desde a implantação da indústria, em meados da década de 1960, até meados dos anos 80. A partir da safra 1986-1987, as relações passaram a ser reguladas pelo denominado contrato "padrão" ou "de participação".

Em razão dessa mudança na forma do contrato ocorrer concomitantemente a profundas alterações no mercado internacional do suco, suscitou interpretações distintas e muitas vezes opostas, por parte dos estudiosos, sobre o significado de seus resultados. Alguns especialistas do setor, salientando-se entre eles Di Giorgi (1991), apontavam para a exaustão desse modelo de articulação agricultura-indústria e para a necessidade da introdução de uma nova sistemática na relação entre os agentes.

---

8 O grupo Montecitrus integrava 28 grandes produtores de laranja de Monte Azul Paulista (SP) e que não possuíam unidade de esmagamento da fruta, utilizando-se, para tanto, das instalações de outras empresas, entre as quais a Cargill. Em 1993, conforme será discutido mais à frente, os grupos Montecitrus e Cambuhy se associaram, posicionando-se como a quarta empresa do setor, atrás do grupo Louis Dreyfus e à frente da Cargill.

Agregue-se, ainda, as oportunidades que a incorporação da informática e das novas biotecnologias ofereciam para a reconfiguração da interação agricultura-indústria, cujo principal desdobramento está associado à ampliação do controle das empresas processadoras sobre o gerenciamento da colheita.

Mudanças no mecanismo regulador da relação – o esgotamento do modelo tradicional e a busca de novas sistemáticas de remuneração do produtor

A citricultura constituiu-se, desde a sua consolidação, na década de 1950, em uma atividade eminentemente capitalista, em especial considerada da perspectiva do montante de capital investido e período de recuperação do investimento, situado, segundo Di Giorgi et al. (1992), em torno de 8 a 12 anos, conforme a *performance* comercial. Alia-se a este fato a complexidade no manejo e controle dos pomares expressa na escolha das variedades, adubação, tratos culturais e fitossanitários, reforçando o caráter capitalista da cultura.

A subordinação da produção citrícola à agroindústria associou-se à estrutura de comercialização, regida por contratos, onde a produção era antecipadamente adquirida pela indústria, por ocasião da "florada do pomar".[9]

Para a indústria, o contrato significava o controle da matéria-prima ou, mais precisamente, permitia estabelecer fluxos contínuos de fornecimento de matéria-prima. Além disso, ao tornar-se proprietária dos pomares, durante o período do contrato, a empresa processadora adquiria o direito de supervisão dos tratamentos culturais e do processo de colheita, fundamentais para assegurar a qualidade da fruta para o processamento industrial.

Assim, ao expressar uma intervenção mais pronunciada das empresas processadoras na esfera agrícola, nas épocas próximas à colheita, o contrato adquiriu um papel estratégico, uma vez

---

9 A especificidade do contrato na citricultura estava na transformação do produtor em "fornecedor para a indústria", a partir da aquisição da fruta, pela processadora, antes mesmo do período da colheita.

que "facilita ou mesmo permite que as frutas sejam colhidas no ponto certo de maturação para a produção de suco de boa qualidade, o que seria muito difícil de se conseguir se cada um dos 20 mil produtores do estado colhessem sua própria fruta" (Matta, 1989, p.149).

Para os citricultores, "o contrato, antigo instrumento utilizado na comercialização com as empresas exportadoras e ampliado com o surgimento do setor industrial, implicava a venda assegurada de sua fruta a preços pré-determinados ao início da safra, o que lhes possibilitava, inclusive, saber a receita auferida" (Maia et al., 1992, p.133-4).

No modelo de contrato adotado até a safra 1986-1987, denominado "contrato a preço fixo", as partes negociavam ano a ano e firmavam e fixavam antecipadamente o preço da caixa de laranja de 40,8 kg, "no pé", com base na estimativa da safra. Nessa sistemática, "a colheita das frutas, o transporte e a pulverização contra moscas é de responsabilidade da compradora e, a partir de sua assinatura, os pomares passam a ser responsabilidade das compradoras" (Maia, 1992, p.117-8). Cabe salientar que o risco de perda das frutas recaía sobre o citricultor e, ademais, as frutas estavam sujeitas à seleção nos estabelecimentos da compradora.

Este tipo de contrato a "preço fixo" permitia ao produtor ter segurança sobre a colocação de sua produção, embora o impedisse de se beneficiar da elevação do preço do suco durante o período de safra, gerando dessa forma "um conflito potencial entre produtores e indústria na determinação do preço 'justo', que era resolvido no âmbito da Cacex" (Lifschtz, 1993, p.36). Conforme já foi ressaltado anteriormente, a Cacex, além de administrar os conflitos entre as indústrias, atuava como mediadora nas negociações entre indústria e citricultores para estabelecimento do preço da caixa de laranja.

A partir da safra 1986-1987, o sistema passou a ser regido pelo chamado "contrato de participação", guardando duas diferenças centrais com relação ao contrato anterior: a) desde sua adoção, o governo não foi mais chamado para mediar as questões referentes ao preço da fruta, intensificando-se o papel das associações de produtores e da indústria nas negociações; b) o preço final da caixa de laranja passou a ser estabelecido *ex-post*, uma vez que só seria definitivamente determinado quando as vendas de suco correspondentes ao ano de exportação estivessem encerradas.

Em essência, independentemente do tipo de contrato – "preço fixo" ou "de participação" –, a base de remuneração do produtor era a quantidade média de frutas por árvore do conjunto dos produtores, sem o estabelecimento de diferenciais de preço em função da distância do pomar até a fábrica, da produtividade dos mesmos e do rendimento das frutas (kg de suco por caixa).

Nesse sentido, a grande mudança incorporada pelo contrato "de participação", atendendo a uma antiga aspiração dos produtores, foi a vinculação dos preços da laranja à cotação do suco na Bolsa de Nova York, viabilizando a participação do produtor nos ganhos (ou perdas) auferidos pela indústria no mercado externo.

Assim, conforme estabelecido no contrato, o produtor passou a ter seu preço deferido e vinculado à cotação do suco na Bolsa de Nova York. O preço da caixa de laranja era o resultado de uma equação, que consistia em deduzir da média das cotações da Bolsa de Nova York a remuneração da produção e da comercialização e dividir a diferença pela taxa de rendimento – número de caixas de laranja necessário para produzir uma tonelada de suco. Além dos custos de processamento, consideravam-se os custos de comercialização, abrangendo: colheita, transporte, administração e compras, frete para Santos, armazenagem e seguros, imposto e adicional de exportação, taxa alfandegária nos EUA, taxa de equalização na Flórida e frete e seguro marítimo.

É importante assinalar que a determinação dos níveis de preço resultava, em ambos os sistemas, do poder de barganha relativo das partes (citricultores e processadoras) e de condições objetivas do mercado, em especial as cotações do suco no mercado internacional e as perspectivas do volume da safra.

Nesse sentido, o poder de negociação das processadoras revelou-se sensivelmente superior, seja pela estrutura oligopsônica e maior capacidade de articulação entre as empresas compradoras, seja pela menor capacidade de aglutinação de forças das associações dos citricultores, que, embora fortalecidas a partir de meados dos anos 80, sofriam da baixa participação dos seus associados.

Segundo Maia (1992, p.99), "as associações dos citricultores são administradas pelos próprios produtores e o número de associados ativos é muito baixo em relação ao número total de produtores do estado de São Paulo, estimados ao redor de vinte mil. Nesse panorama, as associações têm despendido grande parte de seu tempo no trabalho de conscientização do citricultor quanto à importância da união da classe".

Na análise dos impactos da mudança para o contrato "de participação" por parte de estudiosos do setor, sobressaem-se visões algo contraditórias. Na avaliação de Maia et al. (1992), o contrato "padrão" ou "de participação" significou um relativo avanço nas relações entre indústrias e citricultores, na medida em que se reduziram os conflitos, particularmente ante a maior transparência dos cálculos e ao fato de os preços da matéria-prima acompanharem as cotações do produto final. Procurando acentuar as vantagens para os produtores, em termos dos preços da laranja, decorrentes da mudança para o contrato "de participação", Maia (1992), por meio de um exercício de simulação para o período 1980-1987, quando ainda predominava o contrato "a preço fixo", observa, "com exceção da safra 1985/1986, que os preços simulados foram acima dos preços obtidos, principalmente nas safras 1983/1984 e 1984/1985" (p.131).

Na interpretação de Bocaiúva et al. (1991), não se observou, por parte da indústria, a referida "transparência" nas condições contratuais. Ao observar a deterioração dos preços da laranja, a partir da safra 1989-1990, num ritmo muito mais acentuado do que o da queda da cotação internacional do suco, os autores apontam para a colocação, pela indústria, de condições contratuais extremamente desfavoráveis, cujo resultado foi o aprofundamento da "crise" do setor. Assim, a indústria pressionou a remuneração dos produtores para baixo, de um lado, mantendo a "taxa de rendimento" descolada da realidade e, de outro, apresentando "planilhas de custos", marcadas pela elevação excessiva dos custos de industrialização e de comercialização. A situação crítica dos citricultores, por sua vez, impeliu ao advento dos contratos com prazos de dois e três anos, o que, ainda na visão dos referidos autores, significou o comprometimento de safras futuras sob condições desfaváveis, pois manteve congelados, em seus níveis mais altos, os custos de industrialização e de comercialização.

Em síntese, no momento em que as tendências apontavam para uma depressão no mercado internacional de suco, as assimetrias no interior da cadeia produtiva tomaram-se mais pronunciadas. Na busca pela manutenção da sua fatia, no conjunto da renda gerada pelo setor, a indústria transferiu os impactos desfavoráveis da "crise" para o segmento agrícola, servindo-se de seu poder de determinação sobre variáveis-chave do desempenho do setor.

Nesse contexto, uma vez aceita a argumentação de Bocaiúva et al. (1991), o contrato "de participação" passaria a traduzir novos pontos de conflito entre citricultores e indústria, cabendo salientar: a) questionamento da cotação do suco na Bolsa de Nova York como o único indicador para o cálculo do preço final, quando existem outros países importadores; b) revisão dos custos de industrialização e comercialização e da taxa de rendimento (caixas de laranja/t de suco); e c) introdução de um preço mínimo de garantia.

No confronto entre essas duas visões, fica patente que ambas enxergam somente o contrato, desconsiderando as profundas alterações no "ambiente concorrencial", a partir dos anos 90. Nesse sentido, apesar da implementação do contrato "de participação" ter atendido – por motivos de ordens diversas – à demanda dos agentes envolvidos, foi concretizada num momento em que as condições de funcionamento do setor primavam por significativas transformações, o que gerou a rápida obsolescência dos parâmetros que lhe davam sustentação.

Nesse sentido, a fixação de um "preço mínimo de garantia" para a safra de 1992-1993 e para até três safras subseqüentes pode ser interpretada – diante das novas tendências – como uma tentativa, talvez forçada, de garantir uma sobrevida ao contrato "de participação". Em essência, o estabelecimento de um preço médio mínimo de garantia ao produtor, válido para quatro safras – de 1992-1993 até 1995-1996 –, da ordem de US$ 1,30 por caixa de laranja, objetivava muito mais dar um "fôlego" ao segmento agrícola, e não assegurar a cobertura integral do custo de produção, em torno de US$ 1,80. Nas palavras do presidente da associação das empresas processadoras, "nosso papel não é de resolver os problemas de cada citricultor. Não dá para cobrirmos despesas, como desgaste do solo e dos equipamentos. O objetivo é garantir um fluxo de caixa ao produtor para lhe assegurar recursos a serem aplicados apenas no pomar" (De Cesare, 1993, p.18).

A partir dos anos 90, ficou evidenciado o esgotamento do denominado contrato "de participação", suscitando a busca de novas sistemáticas de remuneração do produtor, em cujo centro emergiu a discussão da substituição do critério assentado na "quantidade média de frutas" por árvore pelo critério do "teor de sólido solúvel".

A crise por que passou a atividade gerou reflexões por parte dos profissionais a ela vinculados, salientando-se o trabalho de Di Giorgi (1991), apontando para as distorções que resultaram da sistemática de remuneração subjacente aos contratos a "preço fixo" e "de participação".

A base da argumentação é que, independentemente do tipo de contrato, conforme ressaltado anteriormente, não existiu a preocupação em estabelecer diferenciais de preço aos produtores. Em outras palavras, os contratos:

- apropriavam de forma igualitária, para todos os fornecedores agrícolas, os custos de frete e colheita, que variavam, respectivamente, segundo a distância e a produtividade de cada pomar;
- consideravam um rendimento fixo, independentemente da qualidade do manejo do pomar.

Nesse sentido, dentre as principais conseqüências dessa sistemática, Di Giorgi (1991) ressalta as seguintes:

- propiciou um afastamento das fontes de matéria-prima para regiões mais distantes do centro processador;
- não estimulou, via preço, a produtividade mais elevada, que reduziria o custo de colheita;
- não estimulou tratos culturais, porta-enxertos e cepas comerciais mais favoráveis ao rendimento;

- não estimulou a pesquisa agronômica a procurar soluções que favorecessem o aumento do rendimento de suco por caixa.

Ademais, na visão do referido autor, o deslocamento da remuneração da matéria-prima a quaisquer oscilações do mercado de suco, adicionada à consideração da remuneração da produção e da comercialização como um custo fixo, deixou as empresas processadoras numa posição extremamente cômoda, não incentivando o aumento da produtividade no gerenciamento da colheita e, muito menos, no processamento industrial.

Nesse particular, o autor aponta para o descuido no aprimoramento da administração e da tecnologia da colheita, por parte da indústria, as quais permaneceram as mesmas desde o nascedouro da citricultura.

A partir desse diagnóstico e visando a aumentar a eficiência e a qualidade, o autor propõe a revisão do modelo de remuneração, assentada, de um lado, na mudança do indicador de remuneração do produtor rural – a troca de caixas/árvore por teor de sólidos solúveis por hectare – e, de outro, no estabelecimento de remuneração diferenciada segundo a produtividade e a distância do pomar à fábrica. As vantagens da nova sistemática de remuneração podem ser avaliadas a partir das perspectivas da indústria e do produtor.

Da perspectiva da indústria, as principais vantagens visualizadas pelo autor são as seguintes:

- internalizar no seio dos citricultores as exigências de qualidade (brix, teor de suco, ratio etc.);
- promover uma racionalização das áreas de captação, reduzindo os custos de frete e de colheita.

Da perspectiva dos produtores (sobreviventes), incentivaria a qualidade do manejo, pois a remuneração seria de acordo com os investimentos em tratos culturais, características varietais, porta-enxerto etc.

Em síntese, na argumentação de Di Giorgi, o modelo tradicional de remuneração ao produtor, ao não incorporar mecanismos destinados a assegurar uma maior seletividade na produção agrícola, constituiu um importante obstáculo à elevação do nível de produtividade e ao incremento do padrão de qualidade.

Novos mecanismos de gerenciamento da colheita a partir da utilização da informática e das novas biotecnologias

Os avanços da informática e as inovações associadas à biotecnologia abriram novas oportunidades para as empresas processadoras no âmbito do gerenciamento da colheita, contribuindo, por conseqüência, para a reestruturação das relações dessas empresas com os produtores agrícolas.

Considerando que a incorporação das novas tecnologias pelas empresas processadoras estava "em processo" quando do levantamento de dados do presente trabalho (1990-1994), cabe ressaltar que a análise dos seus impactos sobre a relação entre indústria e agricultura tem ainda um caráter exploratório, visando a apontar prováveis tendências que poderão ser concretizadas a longo prazo.

Na esfera da informática, Caixeta (1993) ressalta a possibilidade da estruturação de modelos complexos de "programação linear", trazendo novas perspectivas no que diz respeito à programação da colheita, a partir do controle efetivo dos "pontos ótimos"[10] de maturação das diversas variedades de citros.

Nesse campo, a Cargill foi pioneira ao implantar um "programa de logística integrada por computador", na área da matéria-prima, de modo a possibilitar o planejamento da colheita, a partir de informações precisas sobre o "tempo de colheita", nos diferentes pomares, de acordo com a maturação de cada variedade.

Ainda no que tange às possibilidades de aplicação da informática no gerenciamento da colheita, merece menção o acesso rápido

---

10 A maturação "constitui o processo de desenvolvimento no qual os frutos atingem a maturidade, pelo aumento da concentração de açúcares e pela diminuição da quantidade dos ácidos presentes" (Caixeta, 1993, p.52). O ponto de colheita é avaliado a partir de "índices exploratórios" do estado de maturidade, destacando-se "o índice Ratio, relação entre o teor percentual de sólidos solúveis no fruto (Brix) e o percentual de acidez titulável no suco de laranja, assim como o próprio Brix" (Caixeta, 1993, p.52).

que os produtores passaram a ter a um conjunto de informações acerca de seu andamento.

No caso, cita-se a experiência da Citrosuco, que implantou um sistema de ligação *on line*, com 3,5 mil fornecedores, possibilitando a cada citricultor o controle da comercialização da safra, desde a entrada do caminhão carregado com frutas, para o primeiro processamento, até a emissão da nota fiscal. O sistema está voltado para o controle do saldo a receber, quantidade de fruta já descarregada, variedade de frutas etc., objetivando simplificar o atendimento aos fornecedores. Embora todos os citricultores pudessem utilizar o sistema nas salas especialmente instaladas nas fábricas da Citrosuco, previa-se um tratamento diferenciado aos grandes fornecedores, por meio da instalação de microcomputadores em seus estabelecimentos. O critério para ter acesso ao "serviço especial" era o fornecimento de mais de 1 milhão de caixas/ano.

As iniciativas da Cargill e da Citrosuco expressam o potencial da informática na redução dos custos de controle e administração dos pomares, constituindo-se em importante vantagem competiviva. É importante destacar o acesso diferenciado dos fornecedores aos referidos sistemas, apontando para o caráter seletivo nas relações entre processadora e produtor agrícola.

Na esfera das novas biotecnologias, pesquisadores da USP e da Unesp conseguiram aprimorar o desenvolvimento de "hormônio vegetal" – ácido gibelérico – que permite que as laranjas maduras se mantenham presas à planta por mais tempo. O hormônio atua, basicamente, sobre a casca da fruta, que amadurece, mas se mantém verde por fora, afastando, desse modo, seu grande inimigo, a mosca-das-frutas.

A experimentação dessa técnica estava sendo efetuada na fazenda da Cambuhy Citrus, em fase inicial. Se se confirmar a sua viabilidade técnica e econômica, o "hormônio vegetal" poderá revolucionar o processo de colheita. Além de ser eficaz contra a "mosca-das-frutas", permitindo que a fruta fique mais tempo no pé, a técnica aumenta a margem de manobra na decisão quanto ao prazo de colheita, reduzindo o tempo de armazenagem da matéria-prima na fábrica e, por conseqüência, os problemas e os custos decorrentes.

IDENTIFICAÇÃO E ANÁLISE DAS ESTRATÉGIAS RECENTES DAS EMPRESAS[11]

Na identificação e análise das estratégias adotadas a partir dos anos 1990, procurou-se evidenciar as peculiaridades, no âmbito da orientação e da natureza das medidas, referentes aos três estratos[12] de empresas que compõem o segmento: as líderes (Cutrale e Citrosuco); os quatro grupos com potencial financeiro e de mercado significativo (Louis Dreyfus, Cargill, Montecitrus, Citrovita); as pequenas.

O acirramento da concorrência, característica central do cenário dos anos 90, fez emergir, por parte das empresas que integram o núcleo do setor – as duas líderes e os quatro grupos que as secundam –, três preocupações centrais, a fim de:

- intensificar as estratégias dirigidas à redução de custos na produção agrícola, no processamento industrial e nos sistemas de logística e distribuição;
- ampliar e abrir novos mercados;
- reequilibrar a estrutura de oferta de matéria-prima, disciplinando o seu crescimento e estabelecendo novos padrões de produção e de produtividade, visando a assegurar a estabilidade de um dos fatores-chave que afetam a competitividade da agroindústria.

De modo geral, a busca persistente de redução de custos, ao lado do estabelecimento de condições visando ao reequilíbrio da estrutura da oferta da matéria-prima, afetaram, de modo especial, o perfil da revisão da estrutura interna das atividades e da reconfiguração das relações com os fornecedores agrícolas. A ampliação e a abertura de novos mercados, ao lado da consolidação de posi-

---

11 Da mesma forma que no estudo da cadeia soja/óleos/carnes, para a identificação das estratégias das empresas, procedeu-se ao levantamento de informações junto a periódicos especializados – jornal *Gazeta Mercantil* e revista *Exame* – abarcando o período de janeiro de 1990 a junho de 1994. Adicionalmente, foram utilizados outros estudos que serão oportunamente indicados no decorrer do texto.

12 A delimitação dos três estratos, conforme já apontado anteriormente, é o resultado de dois critérios. Além da participação no valor (em US$) da exportação de suco, na safra 1992-1993, foi considerado o potencial financeiro das empresas.

ções no núcleo do segmento, por seu turno, impeliram à intensificação das inter-relações com concorrentes no mesmo domínio, no país e fora dele.

No que toca ao estrato das pequenas empresas, no caso da Citropectina, concordatária até setembro de 1992, o restabelecimento do "equilíbrio financeiro" constituiu a orientação básica. Na busca do equacionamento da situação financeira da empresa, sobressaíram-se, ao lado da profunda revisão da estrutura interna das atividades, a implementação de alianças com concorrentes objetivando assegurar um grau mínimo de utilização da capacidade instalada. Cabe acrescentar, ainda, importantes alterações procedidas no âmbito das relações com os fornecedores agrícolas.

Ainda na esfera das pequenas empresas, a Royal Citrus e a Branco Perez centraram esforços na busca de maior autonomia na comercialização da safra, por meio do incremento dos investimentos na produção própria da laranja.

Revisão da estrutura das atividades e dos modos de gestão interna

Na revisão da estrutura das atividades e dos modos de gestão da Citrosuco, uma das líderes, sobressaíram-se quatro aspectos:

- concentração dos investimentos na modernização do processo produtivo e dos mecanismos de gerenciamento do sistema de transporte e distribuição de suco;
- implementação de um programa voltado à busca do maior envolvimento do "chão de fábrica" na resolução dos problemas de produção e elevação do padrão de qualidade;
- terceirização do serviço de transporte de frutas do pomar à fábrica e terceirização de atividades acessórias;
- ampliação dos investimentos na produção própria de laranja.

A Citrosuco incorporou os avanços da informática como forma de melhorar a eficiência operacional do processo produtivo e reduzir custos. Além da utilização de "controles lógicos programáveis (CLP)", na fase de evaporação – etapa central do processo de elaboração do produto –, procedeu à informatização dos terminais de suco.

Nesse sentido, a informática abriu novas possibilidades de automatização e controle do processamento industrial, permitindo não só economia de tempo, mas de energia, ao lado de melhoria na qualidade. Representou, ainda, a possibilidade de administração e supervisão mais eficientes do sistema de transporte e distribuição do suco.

Ao lado desses investimentos, no fim dos anos 80, a empresa implementou um programa de ajustamento e otimização de suas operações industriais rotineiras, denominado Programa de Racionalização de Operações (PRO), reforçando seu objetivo principal de redução de custos e melhoria do processo. Nesse programa, "o engajamento de todos os níveis de funcionários se fazia necessário, especialmente nos dois extremos da pirâmide (chão de fábrica e diretoria)" (Kinoucchi, 1993, p.41). A busca do maior envolvimento dos trabalhadores do "chão de fábrica" assentava-se na premissa de que estes são os "usuários do dia-a-dia", estando em contato direto com o equipamento e com os problemas da produção, mais aptos, portanto, a fornecer sugestões voltadas à implementação de "melhorias incrementais" no processo produtivo.

O incentivo à criação de um canal de comunicação entre o "chão de fábrica" e o corpo de executivos deu-se por meio da convocação de sugestões – individuais e em grupo – e da sua premiação "em dinheiro". Paralelamente, foram desenvolvidos cursos de Detecção Analítica de Falhas (DAF), a fim de aprimorar a capacitação dos funcionários na identificação e resolução de falhas.

É importante ressaltar que, desde meados de 1991, com a saída do diretor-superintendente da empresa, principal responsável pela implementação do PRO, este, ao que parece, não se manteve nos moldes inicialmente propostos. Segundo Kinoucchi "o PRO enfrentou dificuldades de ordem política dentro da empresa, visto que determinados setores da mesma sentiam-se ameaçados pelos resultados obtidos ... A saída do diretor-superintendente, em meados de 1991, contribuiu ainda mais para o acirramento de tais disputas internas" (1933, p.52).

No que toca à terceirização, a externalização dos serviços de vigilância, jardinagem e refeitório visou ao "enxugamento" da estrutura administrativa. Mais significativa foi a transferência para terceiros do transporte das frutas do pomar à fábrica, reduzindo a frota de quinhentos para duzentos caminhões e proporcionando uma redução de US$ 5 milhões em custos fixos.

Finalmente, com referência à produção própria de laranja, até 1992, a Citrosuco produzia apenas 15% de suas necessidades. Em 1993, decidiu incrementar consideravelmente os investimentos em pomares próprios, com o plantio de cerca de 2,5 milhões de pés, na região de Matão. Com esse investimento, a empresa passou a contar com um total de 6,5 milhões de pés de laranja no estado de São Paulo, tendo como objetivo central garantir 30% da matéria-prima que suas unidades de Matão e Limeira processavam.

Na esfera das grandes empresas que secundam as líderes, só foi possível coletar informações, acerca desse âmbito de análise, sobre a Cargill e o grupo Louis Dreyfus (Frutropic e Frutesp).

A Cargill concentrou os investimentos na modernização de suas fábricas em Bebedouro e Uchoa, na aquisição de fábrica de processamento de frutas na Flórida (EUA) e na expansão de terminais de suco no exterior. Agreguem-se, ainda, pesados investimentos na formação de pomares próprios.

A implantação de um sistema sofisticado de controle do processamento por computador, em suas unidades industriais de Bebedouro e Uchoa, possibilitou o "enxugamento" da sua estrutura operacional, a partir da supervisão de todo o processo em uma "sala de controle". Ademais, implantou um sistema de logística integrada, o qual fornece informações sobre a recepção da laranja, planejamento das ordens de produção, controle de estoques e aquisição de suprimentos. Na área de distribuição e vendas, esse sistema permitiu a supervisão do transporte, da estocagem e do embarque do suco. Essas iniciativas, além da redução considerável de custos, foram fundamentais para o aumento da qualidade do produto.

Dentro de sua estratégia global, a empresa fez investimentos fora do Brasil. A aquisição da fábrica de processamento da Procter

& Gamble, na Flórida (USA), indicou a disposição da Cargill em aumentar a sua participação no mercado americano, produzindo o suco no seu país de origem. Por outro lado, visando a ampliar sua atuação no mercado europeu, concentrou investimentos na expansão de terminais de suco em Amsterdã (Holanda). Finalmente, visando ao mercado japonês, inaugurou um terminal de tambores, em Kashima.

Os investimentos da ordem de US$ 50 milhões na formação de pomares próprios, no estado de Minas Gerais, representavam 20% a 23% da fruta que a empresa esmaga. Foi uma estratégia de enfrentamento da concorrência pela matéria-prima no interior do Estado de São Paulo, assentada na ampliação da área geográfica de captação.

Na estratégia do grupo Louis Dreyfus, por seu turno, salientaram-se: a) a ampliação da capacidade de processamento da Frutropic e o aproveitamento de todas as economias de escala possíveis a partir da aquisição da Frutesp, em 1993; b) terceirização dos serviços de manutenção e do transporte das frutas do pomar à fábrica; c) alterações na estrutura administrativa.

Após a aquisição da Frutropic pelo grupo Dreyfus, em 1988, foi realizado um investimento substancial na ampliação da fábrica, tendo a capacidade de processamento passado de 10 milhões de caixas/ano para 23 milhões, em 1992. Não satisfeito, o grupo comprou também a Frutesp no início de 1993. Juntas, as duas empresas atingiram uma capacidade anual de processamento de 54 milhões de caixas, um porte que tornava viável a redução de custos, a partir do aproveitamento de economias de escala.

Um dos ganhos com o aumento da escala foi a economia de 35% no transporte do suco. Anteriormente, a Frutropic e a Frutesp exportavam o produto em tambores. Agora, tendo atingido o volume economicamente viável (cerca de 200 mil/ano), foi introduzido o sistema de transporte a granel, propiciando obter uma importante vantagem competitiva.

A política de externalização de atividades, em especial do transporte das frutas do pomar à fábrica e dos serviços de manutenção, objetivou a redução de custos operacionais e ofereceu a oportunidade de mobilizar recursos financeiros.

A externalização do serviço de transporte de frutas, além da eliminação de pesados custos associados à mão-de-obra, gastos com manutenção, seguro e administração, possibilitou, segundo Borges (1994), o desempate de montante considerável de capital associado à frota de caminhões. Da mesma forma, a terceirização dos serviços de manutenção – elétrica, mecânica, construção civil e carpintaria – reorientou os investimentos para a atividade nuclear (produção de suco de laranja e seus derivados).

No âmbito das mudanças na estrutura administrativa e nos processos de trabalho, as principais medidas foram: enxugamento do quadro de pessoal; descentralização das decisões; mudanças das atividades e funções executadas pelos funcionários; busca de maior aproximação entre o "chão de fábrica" e a cúpula.

Tanto a Frutropic quanto a Frutesp passaram por profundas mudanças na estrutura administrativa, porém as alterações foram mais acentuadas na segunda. Antes de ser vendida, o quadro de funcionários havia sido reduzido de 2.400 para 1.500. Após a aquisição pelo grupo Dreyfus, o quadro foi novamente reduzido pela metade.

Na esfera das pequenas empresas do segmento, merece realce especial a estratégia da Citropectina, centrada: a) na incorporação da informática, propiciando o acesso, em "tempo real", dos dados sobre as frutas processadas, chegada de caminhões no pátio e localização dos produtos no estoque; b) na terceirização do transporte de frutas do pomar à fábrica, assim como do transporte do suco até o porto de Santos, constituindo importante fonte de obtenção de recursos para financiamento do capital de giro, por meio da desmobilização da frota de veículos.

O grupo Branco Perez, além do fomento do plantio na região da Nova Paulista (Adamantina, Presidente Prudente e Tupã) e da instalação de uma unidade de esmagamento na região, investiu em pomares próprios. O grupo deverá possuir de 1,5 a 2 milhões de pés, na região, para abastecer a fábrica.

Finalmente, a Royal Citrus, recém-entrada no setor, adquiriu terras no norte do Estado de São Paulo e sul de Minas Gerais, visando a garantir aproximadamente 40% das suas necessidades.

Ampliação dos investimentos na produção própria da matéria-prima

Na discussão das estratégias implementadas pelos diferentes estratos de empresas, no âmbito da revisão da estrutura interna das atividades, emergiu uma aparente contradição. Ao mesmo tempo em que foram adotadas medidas voltadas à concentração dos investimentos nas atividades nucleares, a grande maioria dos grupos, com exceção do Louis Dreyfus e da Citropectina, estenderam seu campo de atuação para a produção da matéria-prima. O caráter contraditório da decisão de ampliar a produção própria de laranja fica ainda mais evidente levando-se em consideração a estrutura oligopsônica do setor, onde as duas empresas líderes chegavam a adquirir aproximadamente 60% da safra.

Nesse sentido, torna-se necessário explicitar as bases que sustentaram a decisão de incrementar o investimento em plantio próprio.

Na busca dos fatores que explicam a orientação adotada pelas empresas processadoras, sobressaem-se, de um lado, o acirramento da concorrência pela obtenção da matéria-prima, no fim dos anos 80 e, de outro, a necessidade da elevação do padrão de produtividade da produção agrícola, diante das novas condições do mercado internacional, a partir dos anos 90.

Com a entrada de novos concorrentes, no fim da década de 1980, acirrou-se a disputa pela fruta dos fornecedores agrícolas, aumentando a incerteza quanto ao fornecimento. Miranda Costa & Rizzo (1993, p.556) assinalam que "com a entrada de novos 'gigantes' na citricultura (Grupo Moreira Salles-Cambuhy Citrus, Grupo Votorantim-Citrovita e Frutropic) ocorre uma verdadeira metamorfose na estrutura industrial e, conseqüentemente, na estrutura agrícola da citricultura paulista. Estas empresas entram no mercado investindo na produção de matéria-prima e no respectivo processamento industrial ... São agressivas e chegaram para crescer e ganhar o mercado da concorrência".

Assim, a competição oligopolista torna-se o conceito-chave para explicar a expansão recente do auto-abastecimento, visto que "o aumento da produção em terras próprias constitui-se numa forma de manter a participação da empresa no mercado, conservando a fatia que lhe pertence, além de aumentar o poder de barganha frente à entrada de concorrentes fortes, interna e externamente" (ibidem, p.556).

Na década de 1990, a sinalização da elevação da oferta mundial (resultado, entre outros fatores, da intensificação da produção na Flórida, decorrente de alterações no padrão de cultivo) provocou a queda da cotação internacional do suco concentrado e uma tendência à aproximação do preço aos custos.

Nesse contexto, ao mesmo tempo em que se acentuou a presão sobre o segmento agrícola para redução do patamar de custo vigente, as quedas seguidas no preço da laranja conformaram um quadro desfavorável à efetivação, pelos citricultores, de novos investimentos voltados para a elevação considerável dos índices de produtividade. Em outras palavras, o momento exigia a implementação de importantes decisões de investimento, associadas à incorporação de novas tecnologias e ao aumento da atenção com os denominados "tratos culturais", que a grande maioria dos citricultores não estava em condições de suportar.

Assim, considerando o enorme potencial financeiro da indústria processadora, a entrada no segmento agrícola emergiu como uma estratégia destinada a garantir, em curto espaço de tempo, um padrão técnico e, por conseqüência, custos de produção da matéria-prima compatíveis com os novos condicionantes da concorrência internacional.

Por sua vez, a produção própria passou a representar uma espécie de "laboratório", que propiciava a experimentação e a incorporação de novas tecnologias,[13] e, assim, apresentava-se, a longo prazo como um instrumento privilegiado de ajuste das condições da oferta, por meio do estabelecimento de novos parâmetros técnicos e de custo para a produção da matéria-prima. Nesse sentido, conforme será analisado na seção seguinte, a estra-

---

13 Segundo informações do vice-presidente da Abecitrus, uma das empresas líderes do setor importou dos EUA, para utilização em suas fazendas, máquina para pulverização dos pomares equipada com "célula fotoelétrica". Trata-se de equipamento inédito no Brasil, que propicia economia considerável na aplicação de defensivos. Ademais, ainda segundo a mesma fonte, essa empresa investe no desenvolvimento de "variedades" especialmente adequadas para o exigente mercado externo da fruta *in natura*.

tégia de produção própria teve fortes implicações na reconfiguração das relações com os fornecedores agrícolas.

É importante salientar que essa estratégia encontrou na queda do preço das mudas um importante elemento facilitador. Ao provocar a descapitalização e o desinteresse do citricultor, a crise do início dos anos 90 conduziu à queda do preço das mudas. Segundo Silveira (1993), por representar gasto importante, no primeiro ano do pomar, a redução sensível do custo de um componente significativo do investimento na citricultura tornou extremamente atraentes novos empreendimentos por parte dos grandes capitais (processadoras e grandes produtores), visto que a recuperação do capital podia processar-se em período de tempo sensivelmente menor.

Considere-se, finalmente, que o processo gradativo de substituição da laranja pela cana-de-açúcar e a redução do investimento em novos plantios, em decorrência de um processo de "seleção natural" e do desestímulo representado pela queda do preço da caixa de laranja, imprimiram novos significados à estratégia de autoabastecimento. Segundo Silveira (1993, p.5), "estamos assistindo em 1993 ao incremento dos pomares das indústrias de sucos que planejam uma maior quantidade de matéria-prima ao longo da década de 1990. O citricultor descapitalizado deixou de investir em novos plantios e isso pode ser notado na região de Bebedouro, onde a cultura da cana avançou em pomares de laranja erradicados".

Visou-se a assegurar a oferta da matéria-prima no longo prazo, quando as agruras da "crise" fossem transpostas. Essa diretriz pode ser percebida nas palavras do diretor-presidente da Citrosuco, ao justificar o investimento em plantio próprio: "acho que enquanto as coisas vão mal é que se deve fazer investimento .... A estratégia é ganhar poder de mercado durante a crise. Não posso parar porque outros com problemas de produtividade vão parar" (Freitas, 1993, p.16).

Reconfiguração das relações com os fornecedores agrícolas – a elevação do padrão mínimo de produtividade

A crise vivenciada pela citricultura, a partir do início dos anos 90, trouxe, no seu bojo, a necessidade da implementação de um ajuste no padrão técnico da produção agrícola, destinado a promover uma redução considerável do patamar de custo, de modo a reposicionar a indústria perante o acirramento da concorrência internacional.

Esse contexto, conforme já foi apontando anteriormente, transformou os contornos da relação agricultura – indústria, colocando em evidência o esgotamento do modelo tradicional de articulação entre os agentes, consubstanciado no contrato "de participação". Na interpretação de Di Giorgi (1991), a sistemática de remuneração subjacente ao contrato "de participação" constituiu um importante obstáculo à elevação do padrão de produtividade do segmento agrícola. Esse fato apontava para a necessidade da introdução de uma nova sistemática, assentada em novos parâmetros, em cujo centro estava a preocupação em aprofundar a seletividade das fontes de fornecimento da matéria-prima.

Em síntese, a sistemática de remuneração ao produtor, proposta por Di Giorgi (1991), ampliava a oportunidade da efetivação de um ajuste estrutural na oferta de matéria-prima, por meio da seleção dos fornecedores com maior capacidade de investimento e maior tradição na cultura. Ademais, penalizava e excluía os fornecedores agrícolas situados em regiões mais distantes dos centros processadores.

Nesse sentido, no ajuste das condições da oferta da matéria-prima, a agroindústria processadora emergiu como uma unidade coordenadora, a partir da utilização da sua capacidade de definir o porte e delimitar o número de seus fornecedores.

É importante lembrar que na política de compras das empresas processadoras prevaleceu, desde a sua consolidação na década de 1970, uma certa tendência a dar preferência aos fornecedores de médio e grande porte. De um lado, o fato de apresentarem menores custos operacionais contribuiu decisivamente para o controle dos custos da matéria-prima no custo total do suco, uma vez que a fruta atinge de 50% a 70% deste. De outro, a operação com um menor número de fornecedores – de maior porte – reduz os custos de gerenciamento da colheita e de transporte do pomar à fábrica.

Assim, considerando a necessidade da elevação dos índices de produtividade do segmento agrícola, cabe avaliar se a tendência da preferência por produtores de maior parte se acentuou. Nesse sentido, o trabalho de Miranda Costa & Rizzo (1993) oferece alguns indicadores do aprofundamento desse processo seletivo na reconfiguração da relação indústria – agricultura, particularmente considerando-se que o grande e o médio proprietário dispõem de maior capacidade financeira; de condições preferenciais de acesso ao crédito; do acesso a algumas economias de escala e às modernas técnicas de plantio e de gestão.

Miranda Costa & Rizzo, ao problematizarem a relação entre o porte e a absorção de tecnologia na citricultura, chamam a atenção para o fato de que "nem todos os produtores, de diferentes portes, absorvem na mesma velocidade e proporção novas tecnologias ..." (p.555), apontando para duas características marcantes:

- a existência de uma relação diretamente proporcional entre porte e tecnologia;
- a ocorrência de absorção de tecnologia em função do porte e na dependência do tipo de inovação tecnológica.

Há, portanto, a ocorrência de um diferencial de produtividade de acordo com o porte do produtor, "pois o maior tem mais capital para investir tanto na ampliação da área plantada quanto em novas tecnologias. Além dos fatores edafo-climáticos que determinam a produtividade dos laranjais, os fatores tecnológicos exercem grande influência e são mais acessíveis aos produtores de grande porte" (ibidem, p.555).

Ademais, deve-se também considerar que há tecnologias que não são acessíveis e nem adaptáveis aos pequenos. Miranda Costa & Rizzo (p.555) comentam: "trata-se de um problema de escala. Por exemplo, a irrigação, manejo de pragas etc. são mais acessíveis para áreas menores, enquanto o uso de colheitadeira mecânica exige grandes áreas para proporcionar rendimentos de escala".

As autoras verificaram, ainda, um aspecto extremamente relevante no relacionamento produtor/processadora: a relativização da classificação dos fornecedores. Mais especificamente, evidenciou-se a tendência de relação biunívoca entre grandes fornecedores e processadoras. Segundo as autoras, "enquanto uma grande empresa considera pequeno um determinado fornecedor, aquele poderá ser classificado como um grande por outra de menor capacidade processadora. Em outras palavras, o que é pequeno para uma, pode ser grande para outra e vice-versa" (p.554).

Na visão das empresas líderes – Citrosuco e Cutrale –, pequeno produtor é aquele com produção de até 100 mil caixas/ano; de médio porte, os que produzem de 100 mil – 500 mil caixas/ano e, de grande porte, os que produzem acima desta quantidade. Para a Cargill, os pequenos fornecedores produzem de 15 mil a 100 mil caixas/safra, os médios produzem de 50 mil a 300 mil caixas/safra e os grandes, mais de 300 mil caixas. Para a Frutesp é considerado pequeno aquele que produz até 10 mil caixas; médio, de 10 mil a 50 mil caixas/safra e grande, os com uma produção acima de 50 mil caixas.

Os parâmetros delimitadores do perfil dos produtores são relativos ao tamanho das empresas processadoras. Nesse sentido, como são as maiores que exercem o "comando do mercado", era de se esperar um aprofundamento do caráter seletivo e concentrador na relação indústria/agricultura.

Cabe ressaltar, ainda, que nesse processo de seleção/exclusão dos fornecedores agrícolas esboçaram-se tendências para o estabelecimento de laços mais estreitos com aqueles fornecedores capazes de obter maior qualidade, maior produtividade e mais próximos das unidades de processamento, podendo caminhar na direção de importantes parcerias entre grupos de citricultores e as processadoras.

Nesse caso, merecem realce as iniciativas da Cargill e da Citropectina. A Cargill, "além do contrato padrão, pratica mais dois tipos de contratos com os citricultores. Esses contratos, que se destinam aos produtores maiores e cujas produtividade e qualidade são mais elevadas, estabelecem um prêmio ou garantem preços mínimos pela laranja ... e visam estimular a manutenção de um relacionamento de longo prazo com o citricultor" (Menezes, 1993, p.59). A Citropectina, por sua vez, implementou uma parceria com um *pool* de citricultores, assentada na remuneração diferenciada, conforme a *performance* das frutas, isto é, de acordo com a quantidade e a qualidade do suco obtido.

Intensificação das inter-relações com concorrentes no mesmo domínio

Como já foi ressaltado, o contexto na década de 1980 era de aumento da pressão competitiva e de grandes desafios para a ampliação e abertura de novos mercados.

Os obstáculos e as exigências concorrenciais eram significativos, mesmo para as maiores empresas. Assim, a partir do fim da década de 1980, observou-se a intensificação de alianças entre concorrentes diretos, assim como entre os grandes distribuidores e *tradings* internacionais, objetivando: a) a transposição de barreiras para penetrar em novos mercados; b) a busca do reposicionamento no interior do setor, por meio da obtenção de economias de escala na produção.

Alianças voltadas para a penetração em novas áreas geográficas de mercado

Esse tipo de aliança reuniu, de modo geral, empresas diretamente concorrentes e/ou grandes distribuidores detentores de posições sólidas nas áreas visadas, objetivando tanto a obtenção de economias de escala na distribuição, por meio da conjunção de ativos similares, como integração de ativos complementares.

As duas empresas líderes – Citrosuco e Cutrale –, além de passarem a atuar conjuntamente na ampliação e/ou implantação de novos canais de comercialização voltados para os principais mercados potenciais da década (CEE, Europa oriental, antiga URSS e Ásia), intensificaram os acordos de distribuição com grandes empresas internacionais, que dominavam canais de distribuição estratégicos.

Merecem realce, primeiramente, os projetos voltados para o mercado japonês, compreendendo investimento conjunto das duas empresas em campanha publicitária para promover o suco; arrendamento e investimento em conjunto em um terminal portuário em Nagoya e *joint ventures* com a *trading* Mitsui para comercializar o produto.

Em segundo lugar, destacam-se os projetos visando aos mercados do Leste europeu e da antiga URSS. Como esses países não dispunham das divisas necessárias à importação do suco de laranja, a viabilização desses importantes mercados exigiu uma criatividade considerável. Mediante a associação com capital russo e com a sueca Tetrapack, as duas empresas brasileiras implantaram, em território russo, uma unidade processadora de suco de maçã, destinada à exportação para os EUA e para a CEE, gerando divisas suficientes para "pagar" o suco de laranja brasileiro.

A Citrovita (Grupo Votorantim) e a Cambuhy (Grupo Moreira Salles) – recém-entradas no setor – buscaram, por seu turno, consolidar alianças com grandes *tradings* japonesas. A primeira, com a Nissho Iwai, e, a segunda, com a Mitsui.

É importante ressaltar a importância estratégica dessas alianças, visto que elas envolveram investimentos de monta em terminais portuários e em propaganda, voltando-se à garantia de acesso aos canais de comercialização nos mercados visados.

Alianças voltadas para o reposicionamento no interior do setor

Esse tipo de aliança reuniu, de modo geral, empresas diretamente concorrentes, objetivando o reposicionamento no interior do setor, por meio da obtenção de economias de escala na produção e/ou melhor aproveitamento da capacidade instalada.

Assim, a *joint venture* entre a Montecitrus – *pool* de grandes citricultores paulistas – e a Cambuhy Citrus constituiu uma aliança inédita na citricultura, cujo objetivo foi o de reforçar a posição das duas empresas. Foi uma associação voltada para a duplicação da capacidade de esmagamento da fábrica da Cambuhy, em Matão (SP). O resultado foi a obtenção de uma redução de 20% no custo de produção do suco, graças aos ganhos de escala. Um casamento ideal, na opinião dos observadores. De um lado, a Montecitrus – empresa produtora de laranjas –, ansiosa por construir uma fábrica, e, de outro, a Cambuhy – a mais nova indústria processadora, em operação desde setembro de 1992 –, querendo crescer.

No caso das empresas pequenas, mais especificamente da Citropectina, que passou por uma séria crise financeira, observaram-se acordos entre concorrentes visando ao melhor aproveitamento da capacidade instalada. Assim, essa empresa empreendeu acordos para o processamento da safra de limão do grupo Paula Machado e da Botucatu Citrus.[14]

Na estratégia da Citropectina observou-se um tipo de acordo *sui generis* com a Cargill. Como a laranja de Limeira – região de atuação da Citropectina – não se ajustava totalmente às exigências do mercado, a composição com a matéria-prima da Cargill, provinda de outra região, permitiu atingir o padrão necessário. "A laranja de Limeira tem um frescor maior, mas sua doçura é menor. Como precisamos de uma laranja mais doce, conseguimos este acordo com a Cargill" (Safatle, 1993, p.26).

---

14 Esses dois grupos não integram o rol das empresas do segmento por serem unicamente processadoras de suco de limão.

5 ORGANIZAÇÃO "EM REDE": UM NOVO MODELO DE ARTICULAÇÃO DAS RELAÇÕES NO SETOR AGROINDUSTRIAL

No centro da dinâmica do setor agroindustrial pós-anos 90 está um processo de reorganização das relações entre os agentes econômicos, no interior das empresas e entre elas, refletindo um posicionamento estratégico voltado ao incremento da habilidade de tratar com todas as formas de "turbulência": na demanda, na tecnologia, na concorrência. Objetivou-se o aumento da capacidade de acomodação/adaptação às mudanças e o incremento da capacidade de introdução de novos produtos e redefinição das vantagens competitivas.

Se a flexibilidade constituiu o objetivo nuclear das ações e estratégias implementadas pelas empresas, ela se manifestou sob formas distintas no interior dos diferentes segmentos agroindustriais.

A agregação pura e simples de um conjunto de estratégias implementadas num ou noutro segmento pode não ter apresentado o mesmo resultado. Isso porque as estratégias obedeceram a lógicas particulares, resultantes, entre outros fatores, da trajetória de cada segmento.

Nesse sentido, ao aprofundar-se a análise do impacto das transformações, a partir da consideração das trajetórias específicas do segmento representado pela cadeia soja/óleos/carnes e do segmento representado pela agroindústria citrícola, evidenciam-se os pontos coincidentes e as diferenças no processo de reorganização de cada um deles, permitindo visualizar regularidades específicas no âmbito da motivação e dos resultados.

O presente trabalho prendeu-se mais aos pontos em comum do que às especificidades do processo de reorganização. Isso não significa, no entanto, que elas não sejam importantes, mas que um aprofundamento da análise nessa direção desfocaria a atenção do objeto central desse trabalho, qual seja o de identificar novas configurações organizacionais.

No que diz respeito aos pontos em comum, as decisões estratégicas tiveram fortes implicações sobre os "padrões de organização industrial", no âmbito da estrutura interna das empresas e, em particular, no âmbito das relações entre empresas.

As transformações nas formas de vinculação entre as empresas que integram a cadeia produtiva (fornecedores, distribuidores e clientes) e entre empresas concorrentes (do mesmo domínio de atividade ou de domínios distintos) engendraram novas configurações organizacionais, cujas marcas são o caráter dinâmico e complexo das articulações.

Dada a natureza das novas configurações, ficou patente que o "complexo agroindustrial" é insuficiente para apreender as articulações entre os agentes. Isso porque tais articulações não estão assentadas em relações bem definidas e estruturadas a partir da matriz de insumo-produto, mas em um conjunto de estratégias dos agentes que redefinem dinamicamente a forma e o conteúdo das relações.

A insuficiência do "complexo", enquanto aparato teórico-metodológico adequado para descrever e explicar a nova dinâmica das articulações entre as empresas, conduz à necessidade de recorrer a novas ferramentas conceituais. Nesse sentido, esse capítulo apresentará o conceito de organização "em rede", utilizado por diversos autores na área de "economia industrial", na França e na Itália, como um referencial possível para a explicação das relações entre as empresas nas novas configurações.

A ESTRATÉGIA DAS EMPRESAS E A NATUREZA DAS NOVAS CONFIGURAÇÕES ORGANIZACIONAIS

Na discussão das estratégias de reorganização das empresas do setor representado pelo entrelaçamento das cadeias soja/óleos/carnes e o da agroindústria citrícola, ficaram evidenciadas profundas transformações nas articulações entre as empresas, sobressaindo-se as seguintes:

- novas relações emanadas do processo de externalização/terceirização de atividades;
- estreitamento das relações e estabelecimento de interações sistemáticas com os fornecedores, em particular com os produtores agrícolas, e com distribuidores e clientes;
- consolidação de alianças estratégicas entre empresas concorrentes.

Nos dois segmentos, o processo de externalização/terceirização deu origem a novos vínculos, de um lado, com fornecedores de serviços essenciais, como transporte e manutenção, de outro, com fornecedores de serviços administrativos (limpeza, jardinagem, vigilância, refeitório e processamento de dados). De modo geral, buscou-se, por meio desse processo, o "enxugamento" da estrutura administrativa e a conseqüente redução dos custos fixos.

Na esfera das articulações com os produtores agrícolas, observaram-se mudanças significativas, cuja tendência foi a consolidação de padrões estáveis de relacionamento, assentados na seleção/exclusão de fornecedores. No entanto, ocorreram orientações diferentes no interior dos segmentos da cadeia soja/óleos/carnes e na agroindústria citrícola.

Na reconfiguração das relações com os produtores rurais integrados (fornecedores de aves e de suínos), prevaleceram, como orientações gerais, de um lado, o incremento do padrão de qualidade e de produtividade e, de outro, a amenização do conflito imanente à relação de integração. Na relação com os suinocultores, a ênfase recaiu na restrição dos espaços de autonomia, no incentivo à especialização do produtor rural e na "premiação" pela qualidade da carcaça. No caso dos avicultores, a preocupação crescente com o manejo dos animais conduziu ao privilégio concedido ao pequeno proprietário, cuja atividade é marcada pela presença da mão-de-obra familiar, ao lado de novas formas de pagamento voltadas ao incremento da produtividade.

No âmbito das relações frigoríficos/pecuaristas, tradicionalmente marcadas pela falta de integração, as maiores exigências de sanidade do rebanho, por parte do mercado externo, pressionaram a uma maior aproximação entre indústria e produtores de bovinos. Nesse contexto, o "novilho precoce" apareceu como um segmento a ser privilegiado, advindo daí uma maior preocupação com o manejo criatório e pagamento de um "prêmio" à boa "terminação".

Merece realce, ainda, o estreitamento das relações entre os pecuaristas e empresas especializadas no mercado de cortes finos de carne bovina, assentada na busca da qualidade e na remuneração diferenciada.

No que diz respeito às relações com os produtores de soja, as grandes empresas processadoras e as *tradings* passaram a exercer a função de "agentes financeiros", substituindo o vazio deixado pelo Estado. No núcleo do novo padrão de relacionamento estão novas formas de financiamento e de comercialização da safra.

Por sua vez, na agroindústria citrícola, a reconfiguração das relações com os citricultores assentou-se no estabelecimento de um patamar mais elevado de produtividade, visando à redução de custos. Existiu uma preocupação com a qualidade, e existiam fortes indicações de que a diferenciação da matéria-prima passaria a ser incorporada à relação, particularmente se concretizada a introdução da sistemática de remuneração com base no teor de "sólidos solúveis".

No campo das relações com fornecedores de embalagem e insumos no processamento industrial, foram detectadas importantes parcerias, visando à redução de custos, no subsegmento soja/óleos. Foram inovações organizacionais assentadas na transferência, pelos fornecedores, de unidades industriais para o interior das fábricas dos clientes, reforçando a já referida interpenetração de fronteiras organizacionais.

As relações com clientes e distribuidores foram objeto de intensas transformações no âmbito das empresas atreladas ao mercado de carnes. A crescente sofisticação/segmentação do mercado impeliu a uma maior aproximação com o consumidor – final e institucional (restaurantes, hotéis e outros estabelecimentos voltados para a alimentação fora do lar) – e ao estabelecimento de parcerias com os canais de distribuição.

As parcerias com o grande varejo constituíram, por sua vez, o mecanismo preferencial de acesso a esse importante canal de distribuição, emergindo, a partir daí, a garantia de um volume mínimo de produção e a redução dos custos de comercialização (despesas com *marketing*, desenvolvimento de embalagem e comissão dos vendedores). Em contrapartida, aumentaram as exigências em termos de qualidade e de presteza na entrega.

Na agroindústria citrícola, as questões referentes às relações com clientes e distribuidores finais do produto ainda não se faziam presentes, em decorrência da natureza do produto, uma *commodity*. Porém, existiam alguns indicativos de que a tendência de sofisticação e diferenciação do consumo também passaria a integrar as estratégias das empresas do segmento, particularmente no que tange ao número e à intensidade da prensagem no curso do processo produtivo. Além disso, essa tendência pode derivar para a necessidade de uma maior aproximação com os clientes, visando a adequar a programação da produção às suas necessidades específicas.

No âmbito dos vínculos com empresas concorrentes, observou-se a intensificação de alianças estratégicas, seja no interior da cadeia soja/óleos/carnes, seja na agroindústria citrícola.

Na cadeia soja/óleos/carnes, a referência foram as atividades associadas à produção, à comercialização e à P&D.

Foram envolvidos parceiros originários de outros países e/ou concorrentes internos, pertencentes ao mesmo domínio e/ou procedentes de domínios distintos e que, de modo geral, aliam-se, buscando integrar "competências complementares". Dentre os objetivos perseguidos, predominou a conjugação de esforços visando à conquista de mercados externos e/ou à ampliação do mercado interno. Verificaram-se, ademais, importantes alianças voltadas para o acesso à tecnologia e para a ampliação das formas de financiamento ao segmento agrícola.

Também são dignas de nota as alianças com o setor público, por parte das grandes *tradings* do subsegmento soja/óleos, visando à viabilização de investimentos na infra-estrutura de transportes de grãos da Região Centro-Oeste para os portos marítimos (Santos, no Estado de São Paulo, e Vitória, no Estado do Espírito Santo).

Na agroindústria citrícola, a ênfase das duas líderes do setor – Cutrale e Citrosuco – incidiu nas alianças com parceiros de outros países e entre as próprias empresas. Buscou-se, com isso, a ampliação dos atuais mercados externos e/ou a abertura de novos, associando-se nas atividades referentes à comercialização.

As grandes empresas que buscaram consolidar posições no núcleo do setor efetivaram alianças com parceiros de outros países, assentadas nas atividades de comercialização e voltadas ao maior acesso aos mercados externos. Nesse sentido, verificou-se, igualmente, a iniciativa inédita de associação entre o grupo Cambuhy e o grupo Montecitrus, visando à obtenção de economias de escala no processamento industrial e, também, à reconfiguração da capacidade de negociação e de aquisição da matéria-prima.

Finalmente, no caso de algumas pequenas empresas, as alianças com empresas de igual porte e/ou com algumas das grandes visaram, basicamente, a garantir a ocupação da capacidade instalada.

AS FORMAS DE ORGANIZAÇÃO "EM REDE"

A partir dos anos 90 ficou evidenciada a enorme capacidade de alguns agentes em edificar "espaços estratégicos", por meio da reestruturação das articulações com os demais agentes (fornecedores, distribuidores, clientes e concorrentes), colocando em xeque a concepção tradicional de "ambiente".

A introdução de um contexto dinâmico obriga a alterar profundamente o conceito de ambiente como algo perfeitamente delineado a partir de formas bem definidas e consolidadas de produção, mercados e concorrência, um elemento externo à empresa e estruturalmente não impactado pelas ações desta última. Novos elementos essenciais ao processo produtivo emergem, enquanto outros perdem importância, de modo que as estruturas, os mercados e a concorrência deixam de constituir um "dado", apresentando-se como variáveis, em processo de transformação.

Na verdade, o ambiente transforma-se em variável endógena, a ser moldado de acordo e em função das estratégias dos atores. Durante esse processo, ocorre uma estreita interação empresa/ambiente, assentada na reformulação das articulações entre os agentes econômicos, que modifica e redefine o ambiente, induzindo a novas configurações no interior do tecido industrial. Em outras palavras, no contexto pós-anos 90, o ambiente não é uma entidade amorfa e abstrata, mas sim uma entidade que se modifica, paulatinamente, em decorrência das estratégias dos agentes e de seus inter-relacionamentos.

Assim, pôde ser identificado um novo modelo explicativo para a dinâmica do setor agroindustrial – a organização "em rede"–, cuja principal característica é a superação da dicotomia entre a unidade econômica e seu ambiente, uma vez que seu objeto de estudo abrange tanto a empresa quanto as interações entre empresas que dão conformidade ao seu ambiente próximo.

A organização "em rede" contempla o movimento da empresa, resguardando, ao mesmo tempo, o "plano macroeconômico". Mais precisamente, ela garante o grau de autonomia dos agentes na implementação de suas estratégias, que, dependendo do seu impacto, conformam "ambientes específicos". Além disso, a capacidade da empresa na efetivação de novas estratégias depende, de modo crucial, das articulações com os demais agentes que a circundam.

Por definição, na organização "em rede" as empresas não são concebidas como atores independentes, confrontados com o ambiente, mas como atores imbricados no ambiente. Conseqüentemente, a função de uma determinada unidade empresarial é definida não somente em termos de sua própria natureza, mas também, e principalmente, à luz de suas relações com outras empresas.

As "redes" constituem arranjos organizacionais que utilizam recursos e envolvem a gestão das interdependências de várias empresas, "criando um ambiente suscetível de provocar a emergência de externalidades dinâmicas (pecuniárias, tecnológicas etc.), complementaridades e fenômenos cumulativos, notadamente no plano das competências" (Guilhon, 1992, p.573).

Na composição destes arranjos, Britto (1994) visualiza os seguintes elementos:

- agentes com competências específicas, que realizam investimentos conjuntos e coordenam, com vistas a determinados objetivos, suas atividades produtivas e tecnológicas;
- transações recorrentes entre os agentes, baseadas em diversos tipos de formatos contratuais (muitas vezes com forte grau de informalidade) e num horizonte de longo prazo;
- recursos tangíveis e intangíveis complementares, mobilizados a partir da rede;
- atividades (produção, comercialização, P&D etc.) articuladas e integradas com base nas competências técnicas dos agentes;
- informações tecnológicas e mercadológicas que são, de alguma maneira, socializadas entre os componentes da rede.

No enfoque das "redes", é essencial examinar a influência dos vários tipos de arranjos entre empresas, no centro dos quais estão inúmeras possibilidades de combinação de recursos, atividades e agentes. Mais ainda, a edificação de inter-relações entre empresas coloca-se como uma variável estratégica fundamental na amplicação da capacidade de ação de uma organização, ao possibilitar o acesso a competências e potencialidades sob o domínio de outras organizações.

Nestes termos, a realidade das "redes" modifica o enfoque da obtenção e manutenção de vantagens competitivas. A ênfase da concorrência desloca-se para a seleção dos parceiros, visando a constituir "sistemas de relações" que permitem o acesso aos recursos externos necessários ao aproveitamento das oportunidades de lucro.

Dentre as principais vantagens da organização "em rede", ressalta-se a flexibilidade no estabelecimento dos limites no estudo da interdependência entre as empresas.

De um lado, as relações entre empresas não conhecem qualquer tipo de fronteira – geográfica, setorial ou empresarial. Nesse sentido, ao quebrar limites geográficos, a organização "em rede" consegue captar o movimento recente de globalização. Por sua vez, ao quebrar a rigidez na delimitação de setores e empresas, consegue dar conta, com o mesmo aparato conceitual, das transformações que se estão operando, tanto no âmbito interno, quanto no âmbito das interações entre empresas, trabalhando simultaneamente com a empresa e com o setor.

De outro lado, as interdependências entre organizações possuem um conteúdo amplo, envolvendo não só transações de compra e venda, mas o desenvolvimento de conhecimentos, de informações e de tecnologia, que emergem a partir de interações sistemáticas cimentadas ao longo do tempo. Busca-se a articulação de competências que, em essência, é um processo dinâmico, não determinado e não preestabelecido, de modo que a estrutura das relações se altera em razão de pressões competitivas – tecnológicas e de mercado.

Em síntese, as "redes" traduzem o aprofundamento da interdependência entre os agentes econômicos, consubstanciada em múltiplas formas de relações entre empresas, cuja caracterização exige a explicitação do sistema de "divisão de trabalho" intrarede, a partir da identificação das especificidades de sua estrutura interna.

As especificidades da estrutura interna

Na montagem do sistema técnico-produtivo que integra as capacidades operacionais e as competências técnicas dos agentes econômicos sobressaem-se, no interior da rede, determinadas especificidades de formato organizacional, associadas à natureza da motivação subjacente às articulações e ao tipo de parceiro envolvido. Nesse sentido, Guilhon (1992) distingue entre "redes verticais" e "redes horizontais".

Redes verticais

As "redes verticais" estão organizadas em torno de uma empresa pivô, em geral uma grande empresa, coordenadora das atividades do conjunto de empresas integrantes da cadeia produtiva que se identificam e aportam recursos à consecução de um determinado projeto

Em essência, a "rede vertical" envolve a articulação estreita das atividades de um conjunto de fornecedores e distribuidores por uma empresa coordenadora que exerce considerável influência sobre as ações desses agentes. Ela se fundamenta na agregação de empresas especializadas complementares, que, "pela sua própria existência, reforçam a especialização de cada um dos participantes" (Delapierre, 1991, p.143). Nesse sentido, observa-se a perda de autonomia relativa dos agentes, na medida em que a sua identidade se dissolve no interior do conjunto.

Da perspectiva da grande empresa coordenadora, além de representar um importante instrumento de acesso às competências detidas por outros agentes, a "rede vertical" assegura o controle estratégico de toda a cadeia.

Esse tipo de formato organizacional emerge em decorrência do redimensionamento da estrutura interna das grandes empresas, em conjugação com a consolidação de padrões estáveis de relacionamento com os agentes que integram a cadeia produtiva, estando associada, portanto, a duas lógicas de organização: a descentralização e a quase-integração.

Por sua vez, na sua implementação podem ser observados dois tipos de orientação: defensiva e ofensiva.

Na orientação defensiva, a preocupação é com a sobrevivência. O processo de reorganização da estrutura das atividades das grandes empresas adquire um caráter de "enxugamento" das dimensões internas, em particular por meio da redução dos custos burocráticos de gestão, objetivando o rebaixamento do *break even point*, de modo a atingir uma maior capacidade de amortecer as flutuações acentuadas nos mercados.

Nesse contexto, a terceirização de atividades auxiliares, de algumas operações de apoio e de acabamento, de serviços administrativos e de transporte, expressam a preocupação com uma estrutura de custos caracterizada por um volume de custos fixos incompatível com a necessidade de maior flexibilidade, além da cautela nas decisões de ampliação da capacidade produtiva.

Os princípios que orientam esse processo de externalização/terceirização acabam conformando um quadro de relações entre empresas marcado pela necessidade de controle e fiscalização estreitas, pela desconfiança e, principalmente, pela instabilidade e tensão nas interações cliente-fornecedor.

Na orientação ofensiva, a ênfase recai: a) na necessidade de adequação a uma nova lógica produtiva centrada em respostas rápidas, múltiplas, solidárias e adaptáveis a uma demanda heterogênea e flutuante; b) no incremento da capacidade de aprendizagem e de inovação.

Os novos padrões de demanda, caracterizados pela exigência de níveis crescentes de qualidade, de diferenciação e de sofisticação dos produtos, apontam para a complexidade da gestão da produção, da circulação e da distribuição. A questão central é como responder da forma mais eficiente à demanda, colocando no centro das preocupações a racionalização da logística industrial[1] – administração de estoques (finais e intermediários), dos prazos de entrega, dos padrões de qualidade e do sistema de transporte.

Nesse novo contexto, não basta a otimização das operações de um único agente, porém se faz necessária a otimização do conjunto de ações e interações entre as empresas que integram a cadeia produtiva, consubstanciada no nível reduzido de estoques, na redução do tempo de resposta entre a existência da demanda e a sua satisfação, e na elevação dos padrões de qualidade. Em outras palavras, na racionalização da logística industrial, emerge como essencial a natureza sistêmica do processo de trabalho e da organização da produção, evidenciando, portanto, fortes interdependências entre fases de produção, entre funções, entre empresas (fornecedores e distribuidores) e entre estas e os clientes, de modo que a eficiência – em termos de custos e qualidade – passa a depender crucialmente da administração dos elos da cadeia produtiva.

---

1 A logística industrial pode ser definida como "a tecnologia de disposição dos fluxos de saída de uma empresa para seus clientes (produtos finais) e no interior de suas unidades (produtos em processo de fabricação) e dos fluxos de entrada de seus fornecedores e subcontratados. Seu objetivo é o de garantir a continuidade dos fluxos nas melhores condições de custo e de qualidade" (Paché, 1991, p.62).

Por sua vez, a "rede vertical" pode gerar um ambiente propício à aprendizagem, impelindo à criação de novas oportunidades de lucro. De um lado, ao permitir que os agentes concentrem recursos financeiros e humanos em suas "áreas específicas de competência" e, de outro, ao possibilitar a superação dos custos, riscos e irreversibilidades associados aos investimentos em novas tecnologias.

No que diz respeito às atividades de distribuição e de comercialização, à medida que aumenta a variedade das preferências dos consumidores e acentuam-se as suas mudanças, o conhecimento dos mercados torna-se mais complexo. A clientela torna-se mais exigente, mais difícil de atender e de convencer e, sobretudo, o comportamento de venda varia de uma região a outra e de um produto a outro.

Em outras palavras, a distribuição afirma-se como uma atividade que exige "competência específica", reclamando um comprometimento de recursos humanos e financeiros incompatível com a necessidade crescente de concentração da empresa industrial em suas "áreas de excelência". Nestes termos, a externalização da função de distribuição e o estreitamento dos laços com os agentes dela encarregados passam a constituir instrumentos eficazes de acesso e de controle das informações e tendências dos mercados finais.

No que diz respeito às atividades de produção, o ritmo de desenvolvimento tecnológico, o encurtamento do ciclo de vida e a necessidade de introduzir novos produtos derivam em importantes irreversibilidades, associadas a novas e drásticas mudanças no processo de produção. Assim, a tendência é retardar o lançamento de novos produtos visto que eles podem representar o risco de desvalorização dos ativos existentes. Além disso, a imobilização em novos ativos, sob condições de elevada instabilidade na demanda, aumenta sobremaneira a vulnerabilidade. Cabe ressaltar, também, que emergem sérios problemas ligados à adaptação e à aprendizagem, pois, com freqüência, as novas tecnologias não complementam as antigas.

Assim, a "rede vertical" se apresenta como uma forma de organização entre as empresas voltada para a gestão das irreversibilidades, a partir da conjugação da especialização dos agentes com a sua integração em um sistema flexível. A "especialização" em determinadas atividades da cadeia permite que os agentes se dediquem somente aos recursos que são essenciais para o seu desenvolvimento. A integração, por sua vez, assegura o acesso a todos os recursos "específicos" dos demais, proporcionando uma grande mobilidade em termos de combinações e recombinações destes.

Redes horizontais

As redes horizontais desenvolvem-se a partir de alianças ou da cooperação entre empresas concorrentes, cujos objetivos fundamentais são assegurar o acesso a novos conhecimentos e/ou a entrada em novos mercados.

O processo recente de reestruturação industrial se caracteriza pela presença de algumas forças que abalaram o equilíbrio competitivo e estrutural prevalecente. Dentre essas forças, merecem realce:

- a globalização de certos mercados e a conseqüente exigência de maiores escalas de produção e de ampliação dos canais de distribuição;
- o nível de investimento imanente ao desenvolvimento das novas tecnologias, que ultrapassa a capacidade financeira, mesmo das maiores empresas;
- o encontro e a combinação de competências de setores industriais anteriormente distintos.

Essas transformações impõem dois grandes desafios para as empresas. Em primeiro lugar, exigem um rápido reposicionamento em relação a um amplo conjunto de competências de que elas não dispõem. Em segundo lugar, requerem a administração da incerteza competitiva: as empresas defrontam-se com a incerteza sobre as respostas de seus rivais porque devem confrontar-se com novos concorrentes e com uma dinâmica diferente de interação estratégica.

Para responder a esses desafios, as empresas buscam estabelecer alianças com empresas concorrentes no mesmo domínio, ou em domínios distintos, dando origem a um formato organizacional horizontal, em cujo centro está a conciliação da centralização de recursos, para a execução de determinadas atividades, com a autonomia estratégica dos atores.

Da perspectiva do reposicionamento competitivo das empresas, a "rede horizontal" apresenta-se como um instrumento eficaz e rápido de obter acesso a novas tecnologias e a novos mercados. De um lado, permitindo que seus participantes se beneficiem de economias de escala por meio do desenvolvimento em conjunto de atividades ligadas à pesquisa e desenvolvimento, à produção e à distribuição. De outro, assegurando, além do acesso a fontes de conhecimento localizadas fora das suas fronteiras, o compartilhamento de riscos atrelados a investimentos que superam a capacidade de uma única empresa.

Nesse sentido, as "redes horizontais" apresentam-se como um mecanismo viabilizador de estratégias de expansão, a partir da transposição das barreiras à entrada em novos campos de atuação, em particular no que se refere à internacionalização dos mercados e à introdução de novos produtos.

Ainda, nesse âmbito, Hagedoorn & Schakenraad (1990) dão ênfase à importância das inter-relações entre concorrentes para o fortalecimento de posições – no sentido ofensivo e defensivo – contra um terceiro, a partir do estabelecimento de barreiras à entrada de concorrentes potenciais, com base no controle de ativos estratégicos.

Da perspectiva da administração da incerteza competitiva, as alianças estratégicas constituem-se em instrumento privilegiado de edificação de "zonas de estabilidade", objetivando a redução do risco associado a um universo turbulento, marcado pela globalização e pela emergência de novas tecnologias.

Nesse âmbito, Delapierre (1991) acentua a importância das alianças na viabilização da exploração comercial das inovações e, mais particularmente, no sentido de assegurar a apropriação de seus resultados. De um lado, as "redes horizontais" permitem a padronização dos produtos ou de soluções técnicas de maneira a assegurar a perenidade de um mercado. De outro, possibilitam o controle da evolução das mutações do espaço industrial, garantindo a valorização dos espaços de aplicação do conhecimento gerado e a capacidade de projeção de suas atividades no futuro, protegendo uma parte de seus investimentos irreversíveis contra a erupção brutal de novas opções tecnológicas.

Da discussão das especificidades das formas de organização "em rede" pode-se concluir que, enquanto a estruturação horizontal objetiva a expansão dos campos de atuação e a garantia da apropriação dos resultados do esforço de inovação, a estruturação vertical está voltada para a gestão das operações, assegurando a necessária coordenação das decisões de múltiplos agentes no interior do processo produtivo.

CONCLUSÃO

A partir de meados dos anos 80 e com maior intensidade nos anos 90, profundas mudanças no plano da economia mundial e na esfera da economia nacional provocaram o esgotamento do padrão de desenvolvimento agroindustrial – inaugurado em meados dos anos 60 – e, em conseqüência, do "modelo explicativo" a ele associado.

No período pós-1990 a agroindústria brasileira vivenciou um processo de reorganização, centrado na reestruturação das articulações entre as empresas e também entre os agentes econômicos no interior das empresas.

Esse processo envolveu um amplo leque de respostas dos agentes às mudanças nos contornos e nos condicionantes da concorrência no interior do segmento agroindustrial. A velocidade do progresso técnico e o caráter mutável e incerto dos mercados impeliram as empresas a buscar a ampliação do grau de liberdade nas decisões, o que se consubstanciou por meio de mudanças expressivas nas formas de organização intra e interempresas.

As transformações nas formas de organização entre as empresas foram conseqüência, de um lado, da redelimitação do campo das atividades executadas internamente, cujo traço marcante foi a busca da maior "coerência" entre estas e, de outro, do estabelecimento ou estreitamento dos vínculos com fornecedores, distribuidores, clientes e concorrentes.

No âmbito das formas de organização internas, as transformações disseram respeito, inicialmente, a novas formas de administração e organização da produção, com ênfase nas "células de produção" e novos mecanismos de supervisão da produção, a novas formas de participação e integração dos recursos humanos no processo produtivo e na administração (a introdução da administração participativa, caixa de sugestões, grupos autônomos de trabalho etc.). Também devem ser salientadas as novas formas de estruturar as empresas, ressaltando-se a eliminação de níveis hierárquicos, maior proximidade entre a cúpula e o "chão de fábrica", e a descentralização das decisões.

Sem descartar a importância dos impactos das alterações operadas no âmbito interno das empresas, as mudanças na esfera das interações entre elas esteve no centro da dinâmica dos anos 90, apresentando importantes desdobramentos no interior do tecido industrial. Mais precisamente, a redefinição e a intensificação dos vínculos com fornecedores, distribuidores, clientes e concorrentes engendraram novas configurações organizacionais.

No que tange às mudanças na estrutura das relações entre as empresas que integram a cadeia produtiva, ficou patente:

- a ampliação considerável do campo das atividades para as quais a execução por meio da articulação mostrou-se um instrumento mais eficiente do que a execução sob controle direto da propriedade;
- mudanças de caráter qualitativo nas relações, sobressaindo-se a busca de maior aproximação entre os agentes que integram a cadeia e o aprofundamento da seletividade nas relações.

De modo geral, pôde concluir-se que, na reconfiguração das articulações com os produtores agrícolas, a ênfase recaiu na redução de custos, na busca da maior padronização da matéria-prima, assim como no incremento do padrão de qualidade. Merece menção especial a introdução de importantes inovações financeiras por parte das empresas ligadas à agroindústria da soja, buscando preencher o vazio deixado pelo Estado no que toca ao financiamento da safra.

Por sua vez, nas estratégias voltadas para a maior segmentação e sofisticação do mercado e dos produtos, adquiriram lugar fundamental a maior proximidade com o consumidor – final e institucional –, o desenvolvimento de novas formas de relacionamento como grande varejo (supermercados) e o estabelecimento de articulações com as cadeias de *fast-food*, assim como a criação de redes de franquias.

No que diz respeito às relações entre empresas concorrentes, observou-se o incremento do número de alianças estratégicas entre empresas do mesmo domínio ou de domínios distintos, objetivando o acesso a novos conhecimentos e a novos mercados, seja no âmbito nacional ou internacional, viabilizando as estratégias de expansão, particularmente por meio da transposição das "barreiras à entrada" em novos campos de atuação.

Embora as novas configurações estejam articuladas à trajetória específica dos segmentos analisados – soja/óleos/carnes e agroindústria citrícola –, foram observadas regularidades e recorrências de conformação que permitiram visualizar um "novo modelo de articulação das relações".

Nesse "novo modelo de articulação das relações", cada empresa não mais aparece como um agente independente. Ao contrário, são postas em evidência importantes ligações com outras empresas, configurando um vasto campo de interdependências, que vão muito além das meras relações de compra e venda, por abrangerem:

- necessidades e restrições comuns, no âmbito de recursos, preferências, pontos de estrangulamento e problemas técnicos;
- desenvolvimento e compartilhamento de informações, seja de natureza científica, seja em decorrência de aspectos ligados à produção e à comercialização;
- interação entre estratégias.

São vínculos dinâmicos, resultado da ação e da interação entre os agentes econômicos envolvidos com a criação e a alocação de recursos, cujo alcance não está limitado por qualquer tipo de fronteira (organizacional ou geográfica). Eles conformam não uma entidade estável, ou em equilíbrio, mas uma entidade passível e impulsionadora de mudanças.

Se, no período anterior à segunda metade dos anos 1980, a dinâmica do setor agroindustrial brasileiro caracterizou-se pela presença de contornos bem definidos, no âmbito das posições e das articulações entre os agentes econômicos, o pós-anos 90 caracterizou-se por um conjunto de ações empresariais que escapam ao poder explicativo do modelo associado à noção de "complexo agroindustrial", imprimindo novos rumos à dinâmica do setor.

Ao ficar evidenciado que a noção de "complexo agroindustrial" não constitui um instrumental adequado para captar a dinâmica evolutiva dos processos de transformação nas relações entre os agentes econômicos, foi apresentada e discutida, na presente análise, a noção de organização "em rede".

Em síntese, as redes evidenciam o "fator organização" como elemento-chave de explicitação e explicação da "organização industrial". As formas de organização entre empresas, implementadas sob iniciativa dos próprios agentes econômicos, passam a se constituir em mecanismos institucionais essenciais para a concretização de investimentos e para a geração de ganhos de eficiência, assegurando importantes vantagens competitivas e garantindo a apropriação privada do lucro.

Assim, se o Estado e as diversas instituições que cercam a sua intervenção no sistema econômico foram, e ainda são, decisivas para a conformação de um ambiente propício ao desenvolvimento econômico, no sistema capitalista, as estratégias e a organização do setor privado constituem um determinante fundamental do investimento e, por conseguinte, dos níveis de emprego, produtividade, produção e renda.

O principal mérito dessa abordagem é o de pôr em evidência a influência e o poder de coordenação das empresas, de forma que as variáveis que se colocam como "um dado", para a abordagem do "complexo", surgem aqui como variáveis objeto e resultado da articulação. Fica assim garantida a "flexibilidade" do "espaço analítico" para o estudo da dinâmica das empresas, dos grupos ou dos segmentos, tanto da perspectiva macro quanto microeconômica.

REFERÊNCIAS BIBLIOGRÁFICAS

AMENDOLA, M., BRUNO, S. The behaviour of the innovative firm: relations to environment. *Research Policy*, v.19, n.5, p.419-33, 1990.

AMENDOLA, M., GAFFARD, J. L. *The Innovable Choice*: An Economic Analysis of the Dynamic of Technology. Oxford: Basil Blackell, 1988.

_____. Towards an out of equilibrium theory of the firm. *Metroeconomica*, v.43, n.1-2, p.267-88, 1992.

AMOROSO LIMA, M. A. *Mudança tecnológica, organização industrial e expansão da produção de frango de corte no Brasil*. São Paulo, 1984. Dissertação (Mestrado em Economia) – FEA, Universidade de São Paulo.

ANTONELLI, C. The Emergence of the Network Firm. In: ANTONELLI, C. (Ed.) *New Information Technology and Industrial Change*: The Italian Case. Dordrecht: Kluwer Academic Publishers, 1988.

BARALDI, R. Gaúchos agora partem para indústria. *Gazeta Mercantil*, São Paulo, 11 e 13 set., 1993, p.4.

BERTRAND, J. P. A dinâmica dos mercados internacionais das óleo-proteaginosas: políticas dos Estados e estratégias dos atores. *Ensaios FEE*, v.11, n.1, p.3-40, 1990.

BOCAIUVA, J. R., RODRIGUES, I. F., DELLA NINA, L. Comercialização e custos x estratégia do citricultor para a negociação com as indústrias. *Laranja*, v.12, n.1, p.29-48, 1991.

BORGES, A. C. *Reestruturação organizacional no período recente*: um estudo de caso no ramo citrícola. Araraquara. 1994. Monografia (Conclusão do Curso de Ciências Econômicas) — Faculdade de Ciências e Letras, Universidade Estadual Paulista.

BRANDIMARTE, V. Suco: mais concorrência. *Gazeta Mercantil*, São Paulo, 30 jun. 1993. Relatório Especial, p.1 e 16.

BRESSER PEREIRA, L. C. *A crise do Estado*. São Paulo: Nobel, 1992.

BRITTO, J. Redes de firma e eficiência técnico-produtiva: uma análise crítica da abordagem dos custos de transação. In: ENCONTRO NACIONAL DE ECONOMIA, 22, 1994, Florianópolis. *Anais*... Brasília: ANPEC, 1994. v.1, p.120-39.

BRUNO, S. Flexibilité microéconomique et rigidité macroéconomique. In: COHENDET, P., LLERENA, P. (Ed.) *Flexibilité, information et decision*. Paris: Economica, 1989.

CAIXETA, J. V. Programação de colheita através do teor de sólidos solúveis. *Laranja*, v.14, n.1, p.45-74, 1993.

CAMPOS, R. R. *Tecnologia e concorrência na indústria brasileira de carnes na década de oitenta*. Campinas, 1994. Tese (Doutorado em Economia) – Instituto de Economia, Universidade de Campinas.

CARLSSON, B. Flexibility and the theory of the firm. *International Journal of Industrial Organization*, v.7, p.179-203, 1989.

CASTRO, A. C. *A competitividade na indústria de óleos vegetais*. Campinas: IE, 1993a. (Documento elaborado como parte do Estudo da competitividade da indústria brasileira, realizado pelo IE/Unicamp e IE/UFRJ).

_____. A competitividade brasileira nos mercados da soja. In: ENCONTRO NACIONAL DE ECONOMIA, 21, 1993b. Belo Horizonte. *Anais*... Brasília: Anpec, 1993b. v.2, p.99-115.

CERON, A. O. *Aspectos geográficos da cultura da laranja no município de Limeira*. Rio Claro, 1969. Tese (Doutorado em Geografia) – Instituto de Filosofia e Ciências Humanas, Universidade Estadual Paulista.

CHILD, J. Information technology, organization and the response to strategic challenges. *California Management Review*, v.30, n.1, p.33-50, 1987.

COHENDET, P., LLERENA, P. Flexibilités, risque et incertitude dans la théorie de la firme. In: COHENDET, P., LLERENA, P. (Ed.) *Flexibilité, information e decision*. Paris: Economica, 1989.

COHENDET, P., LLERENA, P. Nature de l'information, évaluation et organisation de l'entreprise. *Revue d' Économie Industrielle*, n.51, 1º trimestre, p.141-65, 1990.

COUTINHO, L. A terceira revolução industrial e tecnológica: as grandes tendências de mudança. *Economia e Sociedade*, n.1, p.69-87, ago. 1992.

DE CESARE, C. F. Produtores fecham acordo e estabelecem preço mínimo para a safra. *Gazeta Mercantil*, São Paulo, 31 ago. 1993, p.18.

DELAPIERRE, M. Les accords inter-entreprises, partage ou partenariat? *Revue d' Économie Industrielle*, n.55, p.135-61, 1º trimestre, 1991.

DELGADO, G. C. *Capital financeiro e agricultura no Brasil*: 1965-1985. Campinas: Ícone, 1985.

_____. *Capital e agricultura no Brasil*: 1930-1980. S.l.n., set. 1993a. 24p. (Mimeogr.).

_____. *Agricultura e comércio exterior*: rumos da regulação estatal e suas implicações para a segurança alimentar. S.l.n., out. 1993b. 32p. (Mimeogr.).

DI GIORGI, F. Exaustão do modelo de remuneração na citricultura. *Laranja*, v.12, n.1, p.95-115, 1991.

DI GIORGI, F. et al. Administração e tomada de decisão para a cultura dos citros. *Laranja*, v.13, n.1, p.29-53, 1992.

DOSI, G. Institutions and markets in a dynamic world. *The Manchester School of Economic and Social Studies*, v.LVI, n.2, p.119-46,1988a.

DUSSAUGE, P. Les alliances stratégiques entre firmes concurrentes. *Revue Française de Gestion*, p.5-16, set.-out., 1990.

ERNST, D. O novo ambiente competitivo e o sistema internacional de tecnologia — Desafio para os países de industrialização tardia. In: VELLOSO, J. P. (Coord.) *A nova ordem internacional e a terceira revolução industrial*. Rio de Janeiro: José Olympio Editora, 1992.

FAVEREAU, O. Valeur d'option et flexibilité: de la rationalité substantive á la rationalité procedurale. In: COHENDET, P., LLERENA, P. (Ed.) *Flexibilité, information et decision*. Paris: Economia, 1989a.

FELÍCIO, C. Frigoríficos em marcha para o Centro-Oeste. *Gazeta Mercantil*, São Paulo, 18 maio 1992. p.20.

FREEMAN, C., PEREZ, C. Structural crises of adjustment: business cycles and investment behaviour. In: DOSI, G. et al. *Technical Change and Economic Theory*. London: Pinter Publishers, 1988.

GARCIA, A. Suco de laranja – Mercado atual e perspectivas. *Laranja*, v.13, n.1, p.1-28, 1992.

_____. Nova análise da citricultura brasileira nos anos noventa. *Laranja*, v.14, n.1, p.1-30, 1993.

GARRETTE, B. Actifs spécifiques et cooperation: une analyse des stratégies d'alliance. *Revue d'Économie Industrielle*, n.50, p.15-31, 4° trimestre 1989.

GOODMAN, D., SORJ, B., WILKINSON, J. *Da lavoura às biotecnologias*. Rio de Janeiro: Campus, 1990.

GRAZIANO DA SILVA, J. Complexos agroindustriais e outros complexos. *Reforma Agrária*, v.21, n.3, p.5-34, 1991.

GREEN, R., SCHAVARZER, J., WILKINSON, J. La crisis de la economía mundial y los cambios del sector agroexportador de carnes e granos. In: GREEN, R. et al. *Mercados, tecnologia y empresas*: granos y carnes en Argentina y Brasil. Paris: INRA, 1991.

GUILHON, B. Technologie, organisation et performances: le cas de la Firme-Réseau. *Revue d'Économie Politique*, p.563-92, jul.-ago., 1992.

GUIMARÃES, A. P. *A crise agrária*. Rio de Janeiro: Paz e Terra, 1979.

_____. O complexo agroindustrial como etapa e via do desenvolvimento da agricultura. *Revista de Economia Política*, v.2-3, p.147-51, jul.-set., 1982.

HAGEDOORN, J., SCHAKENRAAD, J. Inter-firm, partnership and co-operative strategies in core technologies. In: FREEMAN, C., SOETE, L. (Ed.) *New Explorations in the Economics of Technical Change*. London: Pinter Publishers, 1990.

HASSE, G. *A laranja no Brasil 1500-1987*: a história da agroindústria cítrica brasileira, dos quintais coloniais às fábricas exportadoras de suco do século XX. São Paulo: Duprat & Lobe, 1987.

HICKS, J. R. *Causality in Economics*. Oxford: Basil Blackwell, 1979.

KAGEYAMA, A. et al. (Coord.) O novo padrão agrícola brasileiro: do complexo rural aos complexos agroindustriais. In: DELGADO, G., GASQUES, J. G., VILLA VERDE, C. *Agricultura e políticas públicas*. Brasília: Ipea, 1990.

KAGEYAMA, A. et al (Coord.) Biotecnologia e propriedade intelectual: novos cultivares. *Estudos de Política Agrícola*, n.4, 1993. (Relatório de Pesquisa).

KINOUCCHI, S. *Qualidade e produtividade*: administração participativa aplicada a uma indústria de processo tipo fluxo contínuo – O caso Citrosuco. Araraquara, 1993. Monografia (Conclusão do Curso de Ciências Econômicas) – Faculdade de Ciências e Letras, Universidade Estadual Paulista.

LIFSCHITZ, J. *Competitividade da indústria de sucos de frutas*. Campinas: IE, 1993. (Documento elaborado como parte do Estudo da Competitividade da Indústria Brasileira, realizado pelo IE/Unicamp e IEI/UFRJ).

LIFSCHITZ, J. E., PROCHNIK, V. *Observações sobre o conceito de complexo agroindustrial*. Rio de Janeiro: IEI/UFRJ. (Texto para Discussão, n.260).

MAFEI, M. Quatro empresas dominam a produção de óleo de soja. *Folha de S.Paulo*, São Paulo, 10 maio 1993. Negócios, p.1.

_____. Grupo Bordon busca uma saída para a crise financeira. *Folha de S.Paulo*, São Paulo, 28 mar. 1994. Negócios, p.2-3.

MAIA, M. L. *Citricultura paulista*: evolução, estrutura e acordos de preços. Piracicaba, 1992. Dissertação (Mestrado em Economia Agrícola) – Escola Superior de Agronomia "Luiz de Queiróz".

MAIA, M. L., AMARO, A. A., NORONHA, J. F. Inter-relações de preços na citricultura paulista. *Laranja*, v.13, n.1, p.123-63,1992.

MARTINELLI, O. *O complexo agroindustrial no Brasil*: um estudo sobre a agroindústria citrícola no Estado de São Paulo. São Paulo, 1987. Dissertação (Mestrado em Economia) – FEA, Universidade de São Paulo.

MARTINS, L. Uma introdução ao debate sobre a Nova Ordem Internacional. In: VELLOSO, J. P. (Coord.) *A nova ordem internacional e a terceira revolução industrial*. Rio de Janeiro: José Olympio Editora, 1992.

MATTA, J. P. Aspectos positivos e negativos da citricultura brasileira. *Laranja*, v.10, n.1, p.147-55, 1989.

MENEZES, V. B. *A indústria da laranja*: competitividade e tendências. Salvador: Fundo Centro de Projetos e Estudos, 1993.

MIOR, L. C. Empresas agroalimentares e produção agrícola: a diversidade de relações no Complexo Carnes em Santa Catarina. In: CONGRESSO BRASILEIRO DE ECONOMIA E SOCIOLOGIA RURAL, 31, 1993. Ilhéus. *Anais...* Brasília: Sober, 1993. v.2, p.618-33.

_____. *Empresas agroalimentares, produção agrícola familiar e competitividade no complexo Carnes de Santa Catarina*. Rio de Janeiro, 1992. Dissertação (Mestrado em Economia Agrícola) – CPDA, Universidade Federal do Rio de Janeiro.

MIRANDA COSTA, V. M. (1992) A modernização da agricultura no contexto da constituição do complexo agroindustrial no Brasil. In: ENCONTRO NACIONAL DE GEOGRAFIA AGRÁRIA, 11. Maringá. *Anais...* S.l.n., 1992, v.2, p.2-26.

MIRANDA COSTA, V. M., RIZZO, R. A tendência à fusão agricultura-indústria como uma nova configuração na trajetória de alguns complexos. In: CONGRESSO BRASILEIRO DE ECONOMIA E SOCIOLOGIA RURAL, 31, 1993, Ilhéus. *Anais...* Brasília: Sober, 1993. v.2, p.549-62.

MULLER, G. Agricultura e industrialização do campo no Brasil. *Revista de Economia Política*, v.2, n.6, p.47-77, 1982a.

_____. *Empresas transnacionais e pecuária de corte no Brasil*. São Paulo: EAESP – FGV, 1982b. (Relatório de Pesquisa).

_____. *Complexo agroindustrial e modernização agrária*. São Paulo: Hucitec, Educ, 1989.

NEVES, E. M., ZEN, S. E, NEVES, M. F. Perspectivas econômicas da citricultura brasileira. *Laranja*, v.12, n.1, p.49-84, 1991.

PACHÉ, G. L'impact des stratégies d'entreprises sur l'organisation industrielle: PME et réseaus de competences. *Revue d'Économie Industrielle*, n.56, p.58-70, 2º trimestre, 1991.

PENROSE, E. [1959] *Teoria del crecimiento de la empresa*. Madrid: Aguilar, 1962.

PESSANHA, B. *Indicadores IBGE. Revista*. Rio de Janeiro: FIBGE, 1988. v.8.

PONDÉ, J. L. *Coordenação e aprendizado*: elementos para uma teoria das inovações institucionais nas firmas e nos mercados. Campinas, 1993. Dissertação (Mestrado em Economia) – Instituto de Economia, Universidade de Campinas.

POWELL, W. W. Hybrid Organizational Arrangements: New Form or Transitional Development? *California Management Review*, v.30, n.1, p.67-87, 1987.

RUIVENKAMP, G. Biotecnologias feitas sob medida: possibilidades para desenvolvimentos centrados nos fazendeiros. *Ensaios FEE*, v.14, n.1, p.323-31, 1993.

SCHUMPETER, J. [1943] *Capitalismo, socialismo e democracia*. Rio de Janeiro: Zahar, 1984.

SIFFIERT, N. F. Citricultura e indústria: organizações e mercados. *Rascunho*, v.22, 1992.

SILVEIRA, A. C. Indústrias iniciam novos pomares para garantir frutas no final da década. *Gazeta Mercantil*, São Paulo, 30 jun. 1993. Relatório Especial, p.5.

SORJ, B., POMPERMAYER, M., CORADINI, O. *Camponeses e agroindústria: transformação social e representação política na avicultura brasileira*. Rio de Janeiro: Zahar, 1982.

SOUZA, M. C. A. *Pequenas e médias empresas na reestruturação industrial*. Campinas, 1993. Tese (Doutorado em Economia) – Instituto de Economia.

SPÓSITO, M. Mercado externo melhora tecnológica de pecuária de corte. *Gazeta Mercantil*, São Paulo, 13 set. 1993. Relatório Especial, p.2.

STIGLER, G. Production and distribution in the short run. *Journal of Political Economy*, v.47, p.305-27, jun. 1939.

VALLA, M. A. Perdigão vai instalar-se em Portugal. *Gazeta Mercantil*. São Paulo, 20 fev. 1990. p.16.

VIEIRA, L. F. et al. *Citricultura no Estado de São Paulo e a contribuição da pesquisa bibliográfica citrícola nacional*. Campinas: Instituto Tecnológico de Alimentos, 1976. (Instruções Técnicas n.12).

WILKINSON, J. O *futuro do sistema alimentar*. São Paulo: Hucitec, 1989.

_____. Ajustamento a um sistema de alimentos orientado para a demanda: novos rumos para a inovação biotecnológica. *Ensaios FEE*, v.14, n.1, p.332-48, 1993a.

_____. *Competitividade na indústria de abate e preparação de carnes*. Campinas: IE, 1993b. (Documento elaborado como parte do Estudo da Competitividade da Indústria Brasileira, realizado pelo IE/Unicamp e IEI/UFRJ).

SOBRE O LIVRO

Coleção: Prismas
Formato: 14 x 21 cm
Mancha: 23 x 43 paicas
Tipologia: Classical Garamond 10/13
Papel: Offset 75 g/m² (miolo)
Cartão Supremo 250 g/m² (capa)
1ª edição: 2000

EQUIPE DE REALIZAÇÃO

Produção Gráfica
Edson Francisco dos Santos (Assistente)

Edição de Texto
Fábio Gonçalves (Assistente Editorial)
Ingrid Basílio (Preparação de Original)
Luicy Caetano de Oliveira e
Jafé Lima da Silva e
Rodrigo Vilella (Revisão)

Editoração Eletrônica
Lourdes Guacira da Silva Simonelli (Supervisão)
Luís Carlos Gomes (Diagramação)